BRAIN SCIENCE

하루 한 권, **뇌과학**

이쿠타 사토시 지음   **김진아** 옮김

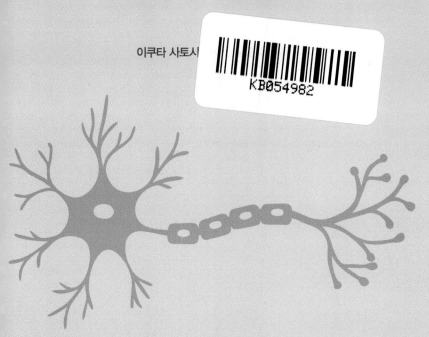

탄생부터 노년기까지 생기있는 일생을 위한 신경과학 지식

이쿠타 사토시 지음

1955년 홋카이도 출생. 도쿄약과대학교를 졸업하고 약학박사를 취득했다. 암 · 당뇨병 · 유전자 연구로 유명한 시티 오브 호프(City of Hope) 연구소, 캘리포니아대학교 로스앤젤레스(UCLA), 캘리포니아대학교 샌디에이고(UCSD) 등에서 박사후연구원으로 연구생활을 하다가 일리노이공과대학교 화학과 조교수로 부임했다. 유전자의 구조와 드러그 디자인(drug design)을 주제로 연구를 진행했다. 일본으로 돌아온 후 생명과학을 주제로 집필 활동에 전념하고 있다. 주요 저서로는 『脳は食事でよみがえる뇌는 식사로 되살아난다』 · 『よみがえる脳되살아나는 뇌의 비밀』 · 『脳と心を支配する物質뇌와 마음을 지배하는 물질』 · 『암과 DNA의 비밀』〈サイエンス · アイ新書〉, 『脳地図を書き換える뇌 지도를 다시 그리다』〈東洋経済新報社〉, 『心の病は食事で治す마음의 병은 음식으로 고친다』 · 『食べ物を変えれば脳が変わる음식을 바꾸면 뇌가 바뀐다』〈PHP新書〉, 『ビタミンCの大量摂取がカゼを防ぎがんに効く비타민 C 대량 섭취의 감기 예방과 암에 대한 효과』〈講談社 + α新書〉, 『いまからでも間に合う!家族のための「放射能を解毒する」食事지금이라도 늦지 않는다! 가족을 위한 '방사능 해독' 식사』〈講談社〉, 『ボケずに健康長寿を楽しむコツ60인지저하증 없이 건강하게 장수하는 비법 60가지』〈角川oneテーマ21〉 등 수많은 책을 집필했다.

이쿠타 사토시와 배우는 뇌와 영양의 세계
http://www.brainnutri.com/

들어가며

사람은 누구나 행복하게 살길 바란다. 그럼 행복한 인생이란 무엇일까? 먹고 싶은 음식을 먹고, 가고 싶은 곳으로 여행을 가면 참 좋다. 물론 그것도 행복이다. 그럼 공부나 일 같은 어려운 작업을 하면 불행할까? 아니, 절대로 그렇지 않다.

우리는 새로운 것을 배우거나 복잡한 문제를 해결하면 '아, 바로 이거야!' 하는 지적 기쁨을 느낀다. 업무를 성공적으로 해냈을 때 '와아, 해냈어!' 하는 성취감과 만족감을 얻는다. 이러한 쾌감은 우리를 행복하게 할 뿐만 아니라 이제까지 겪은 괴로움을 완전히 잊게 한다. 신기하게도 어렵고 괴로운 일일수록 이를 완수함으로써 얻는 쾌감은 더욱 커진다.

우리가 목표를 세우고 이를 달성하기 위해 꾸준히 노력하는 것은 그에 따라 얻을 수 있는 멋진 쾌감, 성취감, 만족감을 맛보기 위해서다.

뇌과학적인 측면에서 행복한 인생이란 '쾌감을 얻고 긍정적인 감정을 가지며 적극적으로 살아가는 것'이다. 인간의 두뇌 속 회로에는 쾌감을 갈구하는 신기한 구조가 갖춰져 있다. 이 구조가 작동함에 따라 적극적·능동적·주체적으로 사물을 생각하고, 이를 언어로 표현하고, 구체적으로 행동에 옮기는 것이 바로 행복이다.

한 번뿐인 인생을 의미 있게, 그리고 행복을 실감하며 살고 싶을 것이다. 그러려면 충분히 기능할 수 있는 뇌, 즉 건강한 뇌가 필요하다.

이 책은 어떤 뇌가 건강한 것인지, 어떻게 하면 건강한 뇌를 얻을 수 있는지, 어떻게 뇌를 건강하게 지킬 수 있는지, 나아가 뇌를 단련하려면 어떻게 해야 하는지를 최신 뇌과학 연구 성과를 바탕으로 이야기한다.

제1장에서는 아기가 출생하면 부모의 뇌가 업그레이드된다는 사실을 다룬다. 임신 및 출산을 겪으면서 여성은 어머니가 되는데, 이때 뇌가 크게 변화하면서 어머니는 책임감 있는 현명한 뇌의 소유자가 된다. 그뿐만이 아니라 최근에 큰 발견도 있었다. 남성의 뇌도 육아를 통해 변화할 수 있다는 점이다. 아기의 존재가 부모의 뇌를 바꾸다니! 그야말로 놀라운 일이 아닐 수 없다.

제2장에서는 뇌가 어떤 구조를 취하고 있고 어떤 작용을 하는지 설명한다. 이어서 제3장에서는 단 1개의 수정란에서 수십억 개의 세포를 가진 아기가 탄생하고 뇌가 생성되는 방식을 알아본다. 태아의 뇌 발달에 특히나 중요한 영양소는 바로 단백질이다. 단백질을 풍부하게 섭취한 어머니에게서 태어난 아이는 학습 능력과 집중력이 뛰어나다.

제4장에서는 아기가 태어난 후부터 성장할 때까지의 뇌 발달을 살펴본다. 아기의 뇌 발달을 모두 유전자가 결정하지는 않는다. 주변에서 뇌에 주는 자극에 따라 신경세포끼리 맞닿은 부위인 시냅스가 만들어지고, 자극이 반복됨으로써 시냅스가 강화되어 뇌가 발달해 간다. 그래서 어린이 두뇌의 발달에는 환경이 중요하다. 부모님과 형제자매, 친구, 학교, 책, 놀이 등.

제5장에서는 몸을 활용한 뇌 단련법을 설명한다. 걷기만이 아니라 꼭꼭 씹어 먹는 것이나 손과 발을 움직이는 활동도 뇌를 활성화한다는 사실을 알게 될 것이다.

제6장에서는 일상생활에서 뇌를 적극적으로 활용하고, 그 자극에 따라 뇌를 훈련하는 구체적인 방법을 제안한다.

제7장에서는 이렇게 얻은 건강한 뇌를 어떻게 지켜나가야 할지 알아본

다. 섬세한 장기인 뇌는 고열, 충격, 흔들림, 과로에 약하다. 뇌는 우리가 살아 있는 한 반드시 사용해야 할 보물이므로 세심한 주의를 기울여 소중히 다뤄야 한다.

마지막으로 제8장에서는 인지저하로 뇌를 흐리지 않게끔 하는 구체적인 방법을 소개한다.

일본의 인지저하증[1] 환자는 140만 명 정도로, 그중 70만 명은 알츠하이머다. 게다가 환자 수는 매년 증가하고 있다. 인지저하증 예방에 카레나 푸른 생선 섭취, 충분한 수면, 운동, 사교적 생활 등이 효과가 있음이 이미 입증됐다.

한편 지난 100년간 뇌를 구성하는 신경세포는 죽으면 재생이 불가능하다고 알려져 있었지만 이 상식도 이제는 타파된 지 오래다.

지금 가장 발전된 뇌과학의 성과를 알고, 뇌라는 훌륭한 보물을 키우고 단련하고 지킴으로써 생기 넘치는 인생을 보내길 바란다.

이쿠타 사토시

---

1 치매라는 용어에 담긴 '어리석다'라는 의미가 편견을 유발하고 환자나 가족에게 모멸감을 준다는 지적이 있다. 따라서 보건복지부는 치매를 대체할 용어로 '인지저하증'과 '인지병'을 검토 중이며, 이 책에서는 인지저하증을 선택했다.

목차

제3장 **뇌의 탄생**

제4장 뇌가 자라다

제5장 몸을 사용하여 뇌를 단련한다

제8장 인지저하증에 걸리지 않는 뇌를 만든다

제1장

아기가 부모의
뇌를 변화시킨다

'어머니는 강하다'라는 말이 있다. 여성이 어머니가 되면 자식을 지키기 위해 엄청난 힘을 발휘한다는 뜻이다. 그러나 이 말이 꼭 여성에게만 해당하지는 않는다. 남성도 마찬가지다.

부모가 되면 사고방식이 크게 달라진다. 아버지와 어머니라는 새로운 사람이 되면 책임의 무게뿐만이 아니라 기쁨도 크게 느끼게 된다. 이런 경험을 통해 부모와 자녀 사이에 끈끈한 유대감이 형성된다.

기쁨과 책임

부모와 자녀 사이의 유대감

부모와 자녀의 유대감을 생성하는 것은 유전자일까, 아니면 몇 개월 동안 뱃속에서 태아를 키운 경험일까? 아이를 입양한 경험이 있는 수많은 부모의 증언을 통해, 유전자가 부모와 자녀의 유대감을 결정하는 유일한 요소가 아님을 알 수 있다. 물론 임신으로만 설명할 수 있는 것도 아니다.

경험을 통해 육아 기술을 훈련한 아버지와 어머니는 이전보다 훨씬 더 부모 역할을 잘 수행하게 된다. 이것이 자녀의 뇌 발육에 큰 영향을 준다는 사실은 확실하다.

그런데 최근 연구에 의해 놀라운 사실이 발혀졌다. 부모 역시 자녀로부터 큰 영향을 받아 자신들의 뇌 회로(신경 회로 혹은 신경 네트워크라고도 한다)를 재조직한다는 것이다. 부모의 뇌가 육아를 통해 새로운 뇌로 변한다는 뜻이다. 아이 때문에 부모의 뇌가 달라질 수 있다니 놀라지 않을 수 없다!

우선 아이의 힘으로 어머니의 뇌가 새로워지는 과정을 살펴보도록 하자.

02 임신과 출산은 여성의 두뇌를 어떻게 바꿀까

옥순 씨의 배에서 둘째 아이가 자라고 있다. 태아가 커질수록 그녀는 임신의 괴로움을 실감하는 중이다. 배가 엄청나게 부풀고, 밤에는 잠을 자기도 힘들다. 몸은 너무나도 무겁다. 게다가 밥을 먹으면 속은 더부룩하고 트림이 계속 나와서 미칠 지경이다.

어머니의 뇌는 서서히 만들어진다. 건축 도중에 뇌는 몇 가지 문제에 부딪치게 된다. 머리가 멍해지는 느낌마저 든다고 말하는 여성도 있다. 한 연구에 의하면 임신 중에 뇌가 조금 수축한다고 한다.

그 대신 얻는 이득도 크다. 어머니가 되면 인지력과 스트레스에 대한 저항력 등이 크게 상승하기 때문이다.

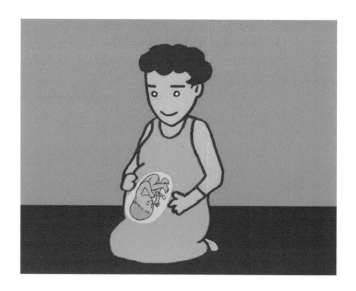

그뿐만이 아니다. 인간성도 달라진다. 예를 들어 이기적인 성격이 남을 배려하고 챙기는 사람으로 변하는 것이다. 임신과 출산을 경험함으로써 여성의 뇌는 이처럼 극적인 변화를 이룩한다. 참으로 감동적인 일이 아닐 수 없다. 그녀의 뇌에서 대체 무슨 일이 일어나고 있는 것일까?

많은 일이 일어나고 있다. 새로운 신경세포(뉴런)가 생성되고, 뇌의 특정 영역이 확대되며, 강력한 호르몬이 임신한 그녀의 뇌와 몸을 바꾸기 위해 쓰나미처럼 몰아치는 중이다.

이렇게 임신하기 전과 다른 뇌가 완성된다. 그 결과, 그녀는 날카로운 매의 눈으로 아이에게 주의를 기울이면서도 바쁘게 돌아가는 생활까지 잘 해내는 초인적인 능력을 얻게 된다.

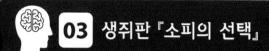

03 생쥐판 『소피의 선택』

아기는 어머니의 주의를 끌기 위해 열심히 노력한다. 특징적인 울음소리나 독특한 냄새, 어머니를 향해 굽힌 손가락 등은 어머니의 민감해진 뇌에 바로 전달된다. 아기가 보내는 이러한 자극은 어머니의 뇌를 더욱 활성화해서 변화를 촉진한다.

임신과 출산을 통해 오감이 예민해지지만, 곧 가장 큰 역할을 수행하게 되는 기관은 바로 냄새를 감지하는 후각이다. 인간뿐만 아니라 많은 동물의 암컷은 짝짓기할 상대를 선택할 때부터 새끼가 젖을 뗄 때까지 냄새에 의존한다. 게다가 냄새는 어미와 새끼의 의사소통 수단이기도 하다.

냄새의 위력을 보여 주는 증거로 자주 인용되는 것이 브루스 효과다. 특정한 냄새가 나면 임신한 쥐가 유산하는 현상을 일컫는다.

만약 임신 후에 암컷의 배우자인 수컷이 모습을 감추고, 그 대신 침입자(라이벌)인 새로운 수컷이 찾아와 근처에서 어슬렁거린다고 치자. 그러면 새로운 수컷의 냄새 때문에 암컷의 호르몬 생산이 멈추고 만다. 이렇게 임신은 실패하고 결국 유산에 이르는 것이다.

만약 그렇게 되지 않는다면 침입자인 수컷이 태어난 새끼를 잡아먹고 말 것이다. 침입자는 양질의 단백질을 얻는 데다가 라이벌의 유전자까지 없애 버릴 수 있다. 암컷 쥐에게는 두 가지 선택지가 존재한다. 아이가 남에게 잡아먹히느냐, 내가 직접 유산시키느냐. 그야말로 생쥐판 『소피의 선택』[2]이 아닐 수 없다.

암컷은 의식하지 않은 본능 수준에서, 새끼를 낳고 잃느니 태아 단계에서 잃는 편이 차라리 낫다고 냉정하게 계산하는 것이다.

---

2 홀로코스트를 다룬 소설. 수용소로 끌려가는 소피에게 추근대던 독일 장교가 그녀에게 두 아이 중 하나만 살려줄 테니 가스실에 보낼 아이를 직접 고르라는 잔인한 선택을 강요하는 내용이다. 1982년 영화로 만들어졌다.

04 어머니가 가장 좋아하는 냄새

　인간의 뇌 속을 관찰하는 데는 한계가 있다. 그래서 쥐의 뇌를 연구하여 그 결과로 인간 어머니의 뇌 변화를 추측한다. 많은 연구에서 포유류의 뇌는 필요에 따라 상당히 대담한 변화를 거친다는 사실이 밝혀졌다.

　예를 들어 임신 중인 쥐의 뇌 속 후각 시스템에서 새로운 신경세포가 활발하게 생성된다. 새끼의 희미한 냄새를 구분해 맡을 수 있는 어미의 능력을 높이기 위해서다.

　냄새가 바로 핵심 열쇠다. 그래서 냄새에 대한 반응은 딸과 어미가 상당히 다르다. 새끼를 낳아 본 적이 없는 암컷 쥐는 새끼의 냄새를 불쾌하게만 느끼지만, 그 쥐가 임신하게 되면 새끼의 냄새에 호감을 가지며 이끌리게 된다. 그야말로 극적인 변화다.

사실 인간에게도 같은 일이 벌어진다. 토론토대학교의 앨리슨 플레밍에 따르면, 어머니는 어머니가 아닌 여성에 비해 자기 자녀의 냄새를 좋게 판단하는 경향이 높다.

여성의 후각은 임신과 출산을 거치며 크게 변화한다. 보스턴칼리지의 마이클 뉴먼은 이 변화가 뇌의 중앙부에 있는 편도체의 피질내측핵이 미세하게 조정됨으로써 일어난다고 주장한다. 피질내측핵은 후각 시스템에서 정보 입력 및 출력의 중계점, 즉 허브 역할을 담당한다. 여기서 정보가 처리되어 감정의 일부가 된다.

피질내측핵이 미세하게 조정됨으로써 어머니는 자기 자녀의 냄새에 대해 호감을 느끼고 자녀와의 유대감이 더욱 공고해지게 된다.

예를 들어 옥순 씨는 첫 아이가 태어나기 전만 해도 친척 아이의 냄새조차 별로 좋아하지 않았다. 그러나 첫 아이가 태어나고 나서, 기저귀를 갈아야 하는지 알아내기 위해 자기 코를 아기 엉덩이에 갖다 대어도 전혀 거부감을 느끼지 않는 자신의 모습을 알아차리고 깜짝 놀라고 말았다.

05 주의력, 용기, 현명함을 겸비한 어머니

그러나 아무리 자기 자식이 귀하다고 해도, 만약 어머니의 모든 주의가 아기에게만 향해 있다면 아이러니하게도 어머니와 아이 둘 다 무너지고 만다. 어미와 새끼 모두 안전하게 굴 안에만 있다 보면 쥐 모자는 굶주림과 갈증에 함께 죽을 테니 말이다.

새끼를 지키면서 먹잇감을 획득한다는, 서로 부딪치는 이 두 가지 일을 해내지 못하면 종(種)으로서 살아남기 어렵다. 이 점은 쥐나 인간이나 마찬가지다.

바꿔 말하자면 육아와 직장을 양립하기 위해 분투하는 건 인간 여성만이 아닌 모든 암컷의 숙명과도 같다는 뜻이다.

자식 돌보기와 식량 조달, 이 두 가지 행동을 전환하게 하는 스위치가

PAG(periaqueductal gray: 수도관주위회색질, 26쪽 참조)다. 둘레계통이 보내는 생존이 걸린 온갖 정보들을 PAG가 받아 무엇을 처리할 것인지 판단한다.

어머니가 되면 뇌가 크게 변화한다. 2010년 브라질 과학자가 쥐 실험을 통해, 어머니가 되면 편도체 피질내측핵을 구성하는 신경세포의 가지돌기에 큰 변화가 일어난다는 사실을 발견했다. 피질내측핵은 후각 시스템만이 아니라 위험을 회피하고 방어하기 위한 기제와도 관련이 있다는 뜻이다.

그렇다면 어머니가 되면 구체적으로 뇌에 어떤 변화가 일어날까?

첫째, 신중해진다. 마트에서 물건을 살 때 아기에게 가해질 위험을 재빨리 계산한다. 예를 들어 잡지 진열대 옆에 서 있는 수상한 남자나 자판기 근처를 어슬렁거리며 난폭하게 구는 10대 청소년을 피한다.

둘째, 용감해진다. 리치몬드대학교의 제니퍼 워텔라는 암컷 쥐를 미로에 넣고 스트레스를 받게 한 후 그 행동을 관찰했다. 그 결과가 흥미롭다. 어미 쥐는 새끼를 낳지 않은 쥐보다 몸이 굳어져 있을 때가 적었다. 쥐의 두려움은 그 태도를 보고 알 수 있는데, 어미 쥐는 전체적으로 모험심이 넘치고 두려움이 덜했다. 그뿐만이 아니라 어미 쥐는 새끼를 낳지 않은 쥐에 비해 겁을 먹을 때 흥분하는 편도체의 발화가 적었다는 점에서도 이를 확인할 수 있었다.

이처럼 용감하기에 어미 쥐는 먹이를 더 효율적으로 찾을 수 있고, 새끼가 있는 보금자리로 빨리 돌아갈 수 있다.

셋째, 영리해진다. 어미 쥐는 새끼를 낳지 않은 쥐에 비해 삼각형이나 곡선을 식별하는 능력을 알아보는 테스트에서도 뛰어난 성적을 거뒀다.

06 어머니와 자녀의 유대감이 깊어지는 이유

동물은 어머니가 되면 뇌가 크게 변화하는 동시에 어미와 새끼 사이에 깊은 유대감이 생성된다. 이는 인간도 마찬가지라는 사실이 증명됐다.

2010년, 미국국립보건원(NIH: National Institutes of Health)의 김필영 연구팀은 초산 여성 19명의 뇌를 출산하고 2주 후에 MRI(핵자기 공명 화상 진단장치)로 스캔했다. 비슷한 시기, 그들이 아기에 대해 어떻게 느끼는지 알아보기 위해 부모가 되어 자녀를 키우는 것에 대한 심정을 표현하는 다양한 단어 리스트(beautiful, perfect, special 등)를 주고 그 중에서 자신을 가장 잘 나타내는 단어를 고르도록 했다.

그리고 3개월 후에 그들의 뇌를 다시 스캔했다. 그러자 전체적으로 뇌의 시상, 편도체, 흑색질[3]이 커졌다는 것이 밝혀졌다. 동물 실험을 통해 이런 부위가 육아, 학습, 아기에 대한 긍정적 감정과 관련된 뇌 영역임은 이미 알려져 있다. 그리고 계획 수립 및 의사 결정과 관련된 부위인 이마엽도 확대된 상태였다.

한편, 아기에 대한 감정을 표현하는 데 긍정적인 단어를 고른 사람의 뇌가 확대된 정도가 더 컸다. 무엇이 원인이고 무엇이 결과인지는 아직 알 수 없다. 다시 말해 뇌가 확대되어 더욱 긍정적인 감정을 발생시킨 것인지, 아니면 긍정적인 감정이 뇌가 커지도록 이끌었는지 불명확하다는 뜻이다.

그렇지만 이 연구 덕에 어머니의 주관적인 감정과 뇌의 실질적 변화가 관련이 있다는 점이 처음으로 밝혀졌다고 할 수 있겠다.

---

3 운동 조절에 관여하는 부위. 중간뇌에 위치한다.

출산이 가까워지면 뇌에 강력한 호르몬이 작용한다. 가장 크게 작용하는 호르몬이 자궁 수축과 모유 생산을 담당하는 옥시토신, 그리고 모유 생산을 촉진하는 프로락틴이다. 여성의 뇌 내부에 변화를 일으키는 호르몬도 있다.

호르몬은 기본적인 감정에 기반한 행동(싸움이나 섹스 등)을 일으킨다. 출산이 가까워지면 이 호르몬을 제어하는 시상하부의 구조가 극적으로 바뀐다.

쥐의 출산일이 가까워지면 시상하부의 mPOA(medial preoptic area: 안쪽 시각앞구역)[4]가 확대되어 활발해지는 것으로 보아 이 부위가 육아에 관여한다고 추측할 수 있다. 그런데 mPOA를 수술로 제거하자 쥐는 어미로서의

행동을 하지 않게 됐다. 이로써 mPOA가 '육아의 중핵'임이 판명되었다.

새끼를 키우는 암컷이 좋은 기분을 느끼는 이유는 뇌의 시상하부에서 엔도르핀이 분비되기 때문이다.

터프츠대학교의 로버트 브리지는 암컷 쥐의 뇌에서 엔도르핀을 받아들이는 엔도르핀 수용체에 주목했다. 그리고 그는 엔도르핀 수용체의 수준이

---

4 대한의사협회 의학용어위원회에 따르면 preoptic area는 시각앞구역으로 부른다. 한편 medial은 '안쪽', '중심'으로 번역한다. 따라서 medial preoptic area를 '안쪽 시각앞구역'으로 번역했다.

임신하지 않은 쥐, 임신기의 쥐, 수유기의 쥐, 수유가 끝난 쥐가 각각 다르다는 것을 발견했다.

몇 번의 임신을 경험한 암컷 쥐는 엔도르핀에 대한 감수성이 낮아져 있었다. 이는 약물중독자가 쾌감을 느끼려면 더 많은 약물을 투여하지 않으면 안 되는 것과 비슷하다.

육아에서 얻는 만족을 약물 중독에 비교하는 것이 그렇게 엉뚱하지는 않다. 실제로 어미들은 쾌감을 얻기 위해 새끼를 돌본다. 이는 인간도 마찬가지로, 대부분의 어머니는 아기에게 자기 젖을 물릴 때 만족을 느낀다고 한다.

새끼 쥐가 어미 쥐의 젖을 물고 빨 때 어미 쥐의 뇌에서는 엔도르핀이 분비되어 어미는 쾌감을 느낀다. 하지만 그렇다고 해서 어미가 몇 시간이고 새끼에게 젖을 물리지는 않는다. 이것이 바로 약물 중독과 다른 점으로, 쥐의 몸에는 자연적인 제어 장치가 갖추어져 있다. 새끼 쥐가 젖꼭지를 계속 빨면 어미 쥐의 심부 체온(몸 내부 온도)이 상승하게 되므로 점차 어미는 불쾌함을 느끼게 되고 새끼를 몸에서 떼어내게 된다. 나중에 심부 체온이 원래대로 돌아오고, 엔도르핀을 원하게 된 어미가 다시 보금자리로 돌아오면 새끼는 다시 젖을 문다. 이렇게 주기적으로 새끼에게 젖을 물리는 '사이클'이 반복된다.

어머니의 뇌 안에서 분비되는 호르몬은 뇌를 더욱 유연하게 한다. 2010년 멕시코 국립자치대학교(UNAM)의 테레사 모랄레스는 수유 중인 암컷은 신경독의 일종인 카이닌산에 대한 저항력이 높다고 보고했다. 어머니의 육아 능력을 저하시키지 않기 위해, 임신 중에 방출되는 호르몬이 방어벽을 만들어 어머니의 뇌를 신경독으로부터 보호한다는 것이다.

08 어머니는 똑똑한 뇌의 소유자

여성은 어머니가 됨으로써 머리가 좋아진다. 임신한 여성의 뇌에서 무슨 일이 벌어지는 걸까? 대량으로 방출되는 에스트로젠의 영향으로 신경세포에 작은 혹이 생긴다. 이 혹은 마치 나뭇가지에 돋은 가시와 닮았다. 전문용어로는 가지돌기 가시(dendritic spine)라고 하지만, 단순히 '혹'이라고 부르겠다.[5]

혹이 생기면 이로 인해 신경세포의 표면적이 늘어나고, 신경세포끼리의 이음매(시냅스)를 통해 정보가 더욱 원활히 흐를 수 있다. 신경세포가 호르몬에 의해 자극받을 때, 또는 근처에 있는 신경세포가 주는 자극을 받을 때 혹의 수가 늘어난다.

암컷 쥐의 해마에 있는 혹의 밀도는 호르몬 변화에 따라 높아지기도 하고 낮아지기도 한다. 호르몬 변화는 발정 주기를 따르는데, 암컷 쥐의 발정 주기는 인간 여성의 생리 주기와 매우 비슷하다.

해마가 기억과 관련되어 있다는 것은 널리 알려진 사실이지만, 어머니로서 행동하도록 돕고 있기도 하다. 에스트로젠 수준이 몇 시간 정도만 높게 지속돼도 혹의 수가 극적으로 증가한다. 그러나 혹은 에스트로젠만으로는 늘어나지 않는다.

리치몬드대학교의 크레이그 킨슬레이는 다음 세 그룹을 가지고 해마의 혹을 조사했다.

(1) 임신 후기의 암컷 쥐
(2) 임신 후기에 방출되는 호르몬과 매우 흡사한 효과를 가진 약을 투여한 암컷 쥐
(3) 수유를 갓 시작한 암컷 쥐

---

5 가지돌기 가시의 모양은 다양한데, 보통은 동글동글한 혹 또는 버섯 모양이지만 가시처럼 쭉 뻗은 것도 있다.

자료 1 아기가 태어나면 부모의 뇌가 어떻게 변할까

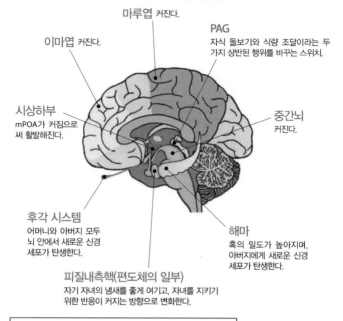

마루엽 커진다.

이마엽 커진다.

PAG
자식 돌보기와 식량 조달이라는 두 가지 상반된 행위를 바꾸는 스위치.

시상하부
mPOA가 커짐으로써 활발해진다.

중간뇌
커진다.

후각 시스템
어머니와 아버지 모두 뇌 안에서 새로운 신경 세포가 탄생한다.

해마
혹의 밀도가 높아지며, 아버지에게 새로운 신경 세포가 탄생한다.

피질내측핵(편도체의 일부)
자기 자녀의 냄새를 좋게 여기고, 자녀를 지키기 위한 반응이 커지는 방향으로 변화한다.

여성은 임신 중과 출산 후에 뇌가 극적으로 변화한다.
남성의 뇌 또한 크게 변화한다.

세 그룹 모두 혹의 수가 대폭 증가했다. 그러나 두 그룹과는 달리 3번 그룹, 즉 수유를 갓 개시한 암컷은 에스트로젠 레벨이 매우 낮았다.

이를 통해 알 수 있는 것이 무엇일까? 혹을 성장시키는 방아쇠는 에스트로젠이지만, 혹을 유지하고 또 계속 성장시키는 데 필요한 것은 새끼가 발하는 자극이라는 사실이다.

임신 중에 이 정도로 크나큰 뇌의 재구축이 진행하기에, 많은 여성이 '임신 중의 뇌'에 불만을 품는 것도 무리는 아니다. 이 재구축에 의한 간접적인 피해는 건망증이다. 약 70퍼센트에 달하는 여성이 임신 중이나 분만 후에 기억력 저하를 호소한다고 한다.

남캘리포니아대학교(USC)의 갈렌 벅월터는 임신 중인 여성과 출산 직후의 여성은 임신하지 않은 같은 연령 및 같은 학력의 여성의 비해 언어 및 수학 기억력 테스트에서 성적이 20퍼센트 정도 낮다고 보고했다.

그러나 어머니의 뇌가 열화되는 것은 재구축으로 인한 일시적인 현상이다. 즉, 재구축만 끝나면 전보다도 더 뛰어난 뇌로 탈바꿈한다.

자손 번식은 어머니 자신의 건강과 안전, 생존마저도 위험 앞에 노출시키는 행위다. 이 투자를 헛게 만들지 않도록 뇌가 변화하는 것이다.

임신으로 인해 호르몬이 쓰나미처럼 뇌로 밀려들고 육아에 대한 압박감이 커진다. 이로 인해 어머니는 생존을 위해서 더욱 효율적으로 행동하도록 뇌가 변화한다.

만약 남성도 아버지가 됨으로써 뇌가 변화한다면 자녀에게도 큰 이익이 된다. 그럼 남자가 아버지가 될 때 일어나는 뇌의 변화를 살펴보자.

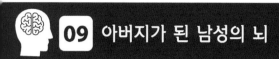

막역한 지인인 상철의 집에 아기가 태어나서 이를 축하하기 위해 그의 집을 방문한 적이 있다. 그는 갓 태어난 아들 서준이를 달래는 중이었다. 아기의 뇌는 마치 마른 스펀지가 물을 흡수하는 것처럼 자신이 가진 오감, 즉 눈과 귀와 코와 입과 피부를 통해 정보를 흡수한다. 이렇게 아기는 자신을 둘러싼 새로운 세계에 적응하는 뇌를 만들어 나간다.

또 한 가지, 나를 놀라게 한 것은 상철의 변화였다. 내가 그를 처음 만난 것은 그가 고등학교를 졸업할 무렵인 18세 때였는데, 그때만 해도 그는 진로를 결정하지 못하고 있었다. 그 후 그는 몇 개국을 돌며 여행하고 대학을 졸업한 후에 취직하여 좋은 배우자를 만났다. 그가 결혼한 후에도 몇 번 정도 만났지만, 사실 내가 그에게 받는 인상은 '여전히 세상 물정을 모르는 젊은이'였다.

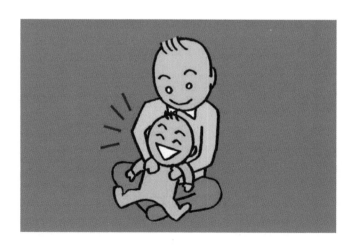

그런데 이제는 그를 둘러싼 상황이 극적으로 바뀌고 있었다. 서준이를 키우는 일은 그가 살면서 겪은 일 중 가장 큰 도전이다. 그에게는 앞으로 약 20년에 걸쳐 경제적 · 법률적으로 서준이를 책임져야 하는 의무가 생겼다. 또한 부자 사이를 단단히 이어 주는 감정적인 유대도 생겨났다.

아기가 탄생하기가 무섭게 아기와 아버지의 뇌에 변화가 생기기 시작한다. 아버지가 곁에 없을 때 아기의 뇌에서 변화가 일어난다. 아버지가 아기를 돌보면 아버지의 능력이 향상된다. 아버지의 뇌에 관한 여러 발견은 아직 초기 단계이긴 하지만, 아버지와 자녀의 연결이 뇌과학의 연구 주제가 되었음은 분명하다.

주말에 짧은 여행을 다녀온 상철의 차를 본 나는 그가 자신의 새로운 역할을 받아들이기 시작했음을 느꼈다. 몇 주에 걸쳐 그는 성능 좋은 스포츠카 뒷좌석에 서준이의 카 시트를 안전하게 설치하려고 애를 썼지만, 결국 어린아이를 더욱 안전하게 데리고 다닐 수 있는 세단으로 차량을 바꾸었다. 그의 뇌는 신경세포 수준에서 명백히 변화하고 있는 것이다.

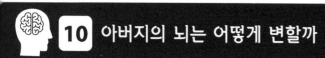
아버지로서의 감정은 어디서 오는 것일까?

어머니가 자녀와 이어져 있는 것은 명확하다. 약 10개월에 걸친 임신 기간에 옥시토신과 그 외의 호르몬이 여성의 체내를 돌고 돌아 그녀와 아기를 생화학적으로 연결한다. 어머니와 태아는 심장마저도 서로 맞추어 박동한다. 출산하고 나서는 자연스럽게 어머니의 젖이 아기의 먹거리가 된다.

그러나 아버지가 자녀에게 줄 수 있는 것은 어머니만큼 명확하지 않다. 수정 과정에 남성이 필요한 것은 당연하지만, 자녀의 생존에 있어서는 아버지가 필수불가결한 존재는 아니다.

지금까지 가정에서 아버지의 역할을 확인하는 대규모 조사는 주로 교육적 역할을 알아보는 데 집중되었다. 그러나 새로운 단서가 뇌의 심층부에서 드러나기 시작했다.

뇌과학자들은 아버지와 자녀를 잇는 생물학적 메커니즘을 뇌의 가장

안쪽에서 찾아내고 있다. 2003년에 바젤대학교의 에리히 세이프리츠는 f-MRI(기능적 핵자기 공명 화상 진단장치)를 활용하여 아기의 울음소리를 들으면 아버지 뇌의 특정 영역이 활성화하는 것을 발견했다. 마치 아기의 울음소리에 어머니가 민감하게 반응하는 것과 마찬가지다. 아버지가 아닌 남성은 같은 소리를 들었지만 뇌에 변화가 일어나지 않았다.

뇌는 조각처럼 정적인 것이 아니라 새로운 경험이나 학습 혹은 환경 변화에 따라 늘 새로운 회로를 만들어 내는 동적인 것이다. 게다가 뇌 내부에서는 새로운 신경세포가 꾸준히 만들어진다. 이걸 '신경 생성'이라고 부른다. 다행히 신경 생성은 학습과 운동으로 촉진되는 것이어서 큰 희망적 관점을 가지기에 충분하다.

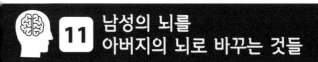
캘거리대학교의 글로리아 맥과 사무엘 바이스는 자녀가 어떻게 아버지의 뇌를 바꿀 수 있는지를 연구 중이다. 2010년에 그들은 아버지 쥐의 뇌를 관찰했는데, 단순히 뇌 회로가 바뀔 뿐만 아니라 새로운 신경세포도 탄생하고 있음을 알아냈다.

새끼 쥐가 태어난 지 며칠 후에 아버지 쥐의 신경세포는 새로운 뇌 회로를 만든다. 특히 후각망울에서는 자기 새끼의 냄새에 반응하는 새로운 신경세포가 탄생한다. 해마에서도 신경세포가 생겨나는데 새끼의 냄새를 장기 기억으로 고정하는 데 도움을 준다.

아버지 쥐는 보금자리에 있을 때만 뇌 안에서 새로운 신경세포가 생겨난다. 만약 새끼 쥐가 태어난 날에 아버지 쥐를 보금자리에서 떼어내면 아버지 쥐의 뇌는 아무런 변화도 보이지 않는다.

맥과 바이스의 발견은 개체의 경험이 뇌 회로를 변화시키는 것을 넘어서, 부자간의 관계를 구축하기 위해 새로운 신경세포를 만들어 냄을 시사한다.

포유류의 코에 분포한 신경세포는 특별한 수용체를 사용하여 냄새를 구분하고, 그 정보를 뇌의 후각망울로 보낸다. 후각망울은 냄새 정보를 모으는 부위다. 그러나 단순히 새끼 쥐의 냄새를 맡기만 해서는 아버지 쥐의 뇌에 새로운 신경세포가 생성되지 않는다.

그 점은 다음의 실험으로 명확히 드러났다. 아버지와 새끼 사이에 망으로 된 벽을 두어 양쪽을 분리하자, 아버지 쥐의 뇌에 신경세포가 생겨나지 않았던 것이다. 바이스는 "이 실험과 다른 실험 결과를 종합해 보면 오직 새로운 자손이 생겨나는 것만으로는 아버지의 뇌가 변화하지 않는다는 결론에 다다른다. 또한 냄새만으로는 아버지의 뇌가 변화하지 않는다."라고 말한다.

아버지의 뇌에 새로운 신경세포를 만들어 내는 요인은 자녀의 냄새, 그리고 자녀와의 신체적 접촉 이 두 가지다. 즉 아버지로 사는 실제 경험이야말로 아버지의 뇌에 신경세포를 늘린다고 볼 수 있다.

물론 새끼 쥐는 인간 어린이와는 다르다. 2~3주 정도 지나 성체가 된 쥐는 한때 같은 우리에 있었던 동료들을 완전히 잊는다. 그러나 맥과 바이스는 아버지와 자녀의 연결이 특히나 공고함을 증명해 냈다.

연구자들은 새로운 신경세포가 탄생하여 이것이 장기 기억을 돕고 아버지와 자녀의 연결 고리를 강화하면서 오래 지속시킬 거라고 가정했다. 그리고 아버지 쥐와 새끼 쥐를 3주일 동안 분리해 두었는데 아버지 쥐는 냄새로 자기 새끼를 쉽게 인식해 냈다.

모든 포유류의 뇌에서는 신경세포가 탄생한다. 신경세포가 새로 탄생할 때의 이점은 이것들이 새로운 뇌 회로를 만들고, 생물로서 환경 변화에 적절히 대응할 수 있다는 것이다. 이 경우에서 보자면 아버지와 자녀 간의 유대인 '사회적 기억'을 도맡는 뇌 회로가 생긴다는 점이 이점이다.

사회적 기억을 확실히 하기 위해 뇌에 호르몬이 작용하여 새롭게 탄생한 신경세포를 잇고 새로운 뇌 회로를 만들어 낸다. 뇌 안에서 새로운 신경세포를 탄생시키는 능력은 출산 후 여성이 젖을 생산할 수 있게 몸을 바꾼다고 알려진 호르몬인 프로락틴이 좌우한다.

맥과 바이스는 아버지 쥐의 뇌에서 프로락틴을 생성하지 못하게 하자 아버지와 자녀의 유대를 맡을 신경세포가 생성되지 않는다는 사실을 발견했다.

어머니와 아기가 '애정 호르몬'이라 불리는 옥시토신에 의해 강하게 연결되는 것처럼, 옥시토신 농도가 높은 아버지는 자녀에 대해 더욱 강한 애착을 드러낸다는 점이 많은 연구를 통해 밝혀졌다.

또한 스트레스는 뇌에 나쁜 것으로만 생각되는데 꼭 그런 것만은 아니다. 스트레스는 상황에 따라 뇌에 긍정적인 영향을 줄 수도 있기 때문이다.

예를 들어 동물을 차가운 물에 담그거나 천적을 앞에 두는 등 나쁜 스트레스에 노출시키면, 새로운 신경세포는 생성되지 않고 뇌 회로를 재조합하는 활동도 일어나지 않는다. 이런 스트레스는 뇌에 부정적인 영향만 준다.

그런데 운동이나 섹스도 체내 코티솔 수준을 높이기에 스트레스를 유발하는 것은 분명하나, 뇌 안에서 신경세포를 적극적으로 생성시키기 때문에 뇌에 오히려 긍정적으로 작용한다. 아버지로서 수행하는 육아에서 오는 노고 역시 뇌에 긍정적이다.

수컷의 성호르몬은 자손의 탄생과 밀접한 관계가 있지만, 그 효과는 종에 따라 다르다. 쥐나 물고기의 수컷은 아버지가 되면 남성호르몬인 테스토스테론을 대량으로 만들어낸다. 아버지는 새끼를 돌보는 한편 천적으로부터 보금자리를 지키기 위한 공격성도 갖춘다. 열대 지역에 사는 새나 영장

류는 테스토스테론 농도가 높아지면 육아에 더욱 전념하기도 한다.

한편 인간의 경우 테스토스테론 농도가 높은 아버지는 우는 아기를 봐도 동정심이 잘 들지 않고 도우려는 생각이 거의 들지 않는다. 인간에게 테스토스테론은 육아와 잘 맞지 않는 듯하다.

그러나 참으로 인간 구조가 잘되어 있는 것이, 아버지가 되면 테스토스테론의 수준이 낮아지면서 육아에 적합해지는 상태가 된다. 2011년 노스웨스턴대학교의 리 게틀러는 필리핀에서 20대 남성 624명을 조사한 결과, 남성이 배우자를 찾아 아버지가 된 후부터는 테스토스테론 농도가 감소했다고 보고했다.

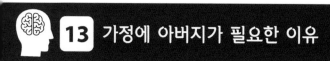

13 가정에 아버지가 필요한 이유

왜 가정에 아버지가 필요할까? 마그데부르크대학교의 카타리나 브라운은 데구를 이용해 이 주제를 연구했다.

데구는 몇 종류의 울음소리를 사용하여 동료와 의사소통을 하기에 '안데스의 노래하는 쥐'라고 불리며, 최근 일본에서는 반려동물로도 인기가 높다.

데구는 어머니와 아버지가 부모 역할을 분담한다. 인간 아버지와 비슷하게 아버지 데구가 어린 새끼를 돌본다. 예를 들어 몸을 동그랗게 말아 새끼를 덮히기도 하고, 새끼의 몸을 살살 핥아 청결하게 한다. 새끼가 성장하면서 아버지는 새끼들을 쫓아가거나 펄쩍 뛰거나 소란을 떨면서 놀아 주기도 한다.

카타리나는 만약 데구의 보금자리에 이런 역할을 하는 아버지가 없으면 새끼는 사회적으로나 감정적으로 공허해지리라는 가설을 세웠다. 마치 아버지가 없는 인간의 가정에 활기가 적은 것처럼 말이다.

실험 결과 아버지 데구가 새끼와 같이 있으면 새끼의 뇌는 정상적으로 발달했다. 그러나 아버지 데구를 새끼가 태어난 직후 바로 보금자리에서 떼어내자 새끼의 시냅스 수가 뇌 안의 두 곳에서 감소했다.

즉, 발달 과정에 있어 아버지 없이 자란 새끼에게서는 OFC(Orbitofrontal Cortex: 눈확이마겉질)와 몸감각영역에 결함이 발생했던 것이다. OFC는 이마엽의 일부로 의사 결정, 감정, 보상 기전을 제어하는 부위다.

아버지가 없는 가정에서 자란 아이의 행동에 종종 심각한 문제가 생기는 이유로 뇌 속의 시냅스 감소와 뇌 회로 생성이 제대로 이루어지지 않았기 때문이라고 추측하는 이도 존재한다. 그러나 데구의 실험 결과를 있는 그대로 인간에게 적용하기에는 무리가 있다.

데구 신생아는 양수에 몇 주 동안 몸을 담그고 있다가 이 세상에 태어난다. 감각은 아직 제대로 발달하지 않았지만, 감각을 다스리는 몸감각영역은 변할 준비가 갖춰져 있다.

그러나 신생아 데구가 아버지 없이 자라면, 활발해져야 할 몸감각영역의 시냅스가 사용되지 않아서 말라 버리고 만다. 그 결과 막 태어난 데구는 접촉을 통해 만들어져야 할 감각이 충분히 발달하지 않을 뿐만 아니라 대사나 호르몬 분비에도 문제가 생긴다.

아버지의 뇌는 자녀의 탄생과 깊게 연관되어 있다. 부모 모두가 존재하

는 것도 중요하지만, 그와 동시에 부모와 자녀 사이에 밀접한 관계를 형성하는 것 역시 중요하다.

상철이 서준의 몸에 닿는 단순한 행동에 맞춰 아기의 뇌 안에서는 새로운 신경세포가 탄생한다. 이것은 훗날 이 아이가 청년이 됐을 때 행동이나 감정 문제를 잘 처리하기 위한 도구가 된다.

상철의 뇌 안에서 신경세포가 얼마나 잘 생성되었는지는 정확히 알 수 없지만, 그에게 큰 변화가 일어났다는 것만큼은 확실히 인지할 수 있다. 서준의 세세한 동작이나 그가 발하는 작은 소리를 대부분의 사람은 알아차릴 수 없지만, 상철은 그걸 절대로 놓치지 않는다. 상철의 뇌 속에는 아들을 주의 깊게 관찰하는 신경세포가 만들어졌기 때문이다.

제2장

뇌의 구조와 기능

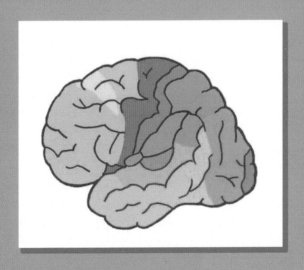

01 지능검사는 건강한 뇌가 무엇인지 말해 주지 않는다

'건강한 뇌'란 어떤 뇌일까? 뇌는 소위 말하는 지능(지성) 이외에도 운동과 생리적 기능까지 관장하고 있다. 이 모든 것이 잘 돌아가야 건강한 뇌라고 할 수 있다. 여기서는 그중에서도 높은 지능을 가진 뇌에 대해 논하고자 한다.

지능이 높다는 말은 뇌가 충분히 기능한다, 다시 말해 '머리가 좋다'라는 뜻이다.

이는 흔히 지능지수(IQ: Intelligence quotient)를 이용해 표현된다. IQ는 지능검사를 통해 산출한 정신연령을 실제 연령으로 나눈 후 100을 곱한 수치다. 하지만 필기시험만으로 사람이 가진 지능 전체의 수준을 정확히 파악하기는 어렵다.

지능을 뜻하는 영어단어인 intelligence를 웹스터 사전[6]에서 찾아보면 '학습하고, 이해하고, 새로운 상황에 대처하는 능력'이라고 나와 있다.

이 중 인간이 학습하고 이해한 것이 바로 지식이다. 획득한 지식을 얼마나 잘 이해했으며 그 양이 어느 정도인지는 필기시험 등을 통해 쉽게 측정할 수 있으며 수치화도 가능하다. 지능검사로 알 수 있는 것도 대부분은 이것이다.

그러나 세 번째 항목인 '새로운 상황에 대처하는 능력'을 측정하거나 수치화하는 일은 매우 어렵다.

---

6 미국의 대표적인 영어사전.

그런데 모두가 잘 알고 있듯, 실제 사회에서는 새로운 상황에 대처하는 능력이야말로 중요하다. 고등학교에서 뛰어난 성적을 받고 명문대를 졸업하여 바라던 대로 대기업에 취직한 '머리 좋은' 사람이 실제 사회에서 뛰어난 실적을 내지 못하는 이유 중 대부분이 바로 이 능력의 부족에 있다.

한편 학교 성적이 그리 좋지는 않아도 사회에 나가 진짜 실력을 발휘하여 크게 성공하는 사람도 많다. 고등교육을 받지 않아도 사업을 잘 일구고 사람들의 욕구를 정확히 파악하여 사회에 공헌한 인재가 많다.

그 대표적인 예가 바로 파나소닉의 창업자 마쓰시타 고노스케, 혼다 자

동차를 낳은 설립자 혼다 소이치로다. 발명왕 토머스 에디슨도 공부를 잘하는 아이는 아니었다. 그러나 이들 모두 새로운 상황에 대처하는 능력이 뛰어났다.

이제 건강한 뇌라는 것이 무엇인지에 대한 대답으로, 다음의 다섯 가지 항목을 제안하고자 한다. 첫째, 새로운 것을 학습하고 기억하고 이해하는 능력인 '학습력'. 둘째, 사물을 생각하는 '사고력'. 셋째, 이제까지 배운 것을 가지고 앞으로의 일을 예측하는 '상상력'. 넷째, 새로운 환경에 대처하는 '순응력'. 다섯째, 선악을 판단하는 '판단력'.

이 다섯 가지 능력을 균형 있게 갖춘 뇌가 '건강한 뇌'라고 생각한다. 건강한 뇌를 갖추고 약간의 행운까지 얻는다면 우리는 성공적인 인생을 살 수 있을 것이다. 행운은 둘째치고 우선 건강한 뇌가 필요하다.

그럼 어떻게 하면 건강하게 뇌를 키우고 단련할 수 있을까? 그리고 건강한 뇌를 지킬 수 있을까? 이 책에서 그 방법을 제안하고 있다.

본론으로 들어가기 전에 우선 뇌의 각 부위가 어떻게 생겼고 어떤 작용을 하는지 살펴보도록 하자.

03 뇌줄기가 손상되면 큰일 나는 이유

뇌는 1,000억 개나 되는 신경세포 덩어리다. 이것들이 뇌의 여러 부분을 이루고 있는데, 매우 단순하게 나누면 뇌줄기·소뇌·대뇌의 세 부분으로 볼 수 있다.

대뇌는 크게 두 개의 층으로 나뉜다. 안쪽의 둘레계통과 바깥쪽의 대뇌겉질이 그것이다.

뇌의 가장 아래쪽에 위치하는 뇌줄기는 호흡, 맥박, 혈액 순환, 발한, 체온 조절 등 기본적인 생리 기능을 제어한다. 이 중 어느 하나라도 제대로 기능하지 못하면 인간을 포함한 모든 포유류는 생존 불가능하다. 쥐, 고양이, 원숭이, 사람은 서로 종이 다르지만 뇌줄기의 형태는 서로 비슷하다. 뇌줄기가 '생명을 유지하는 뇌'이기 때문이다.

자료 1 인간 뇌의 형태와 구조

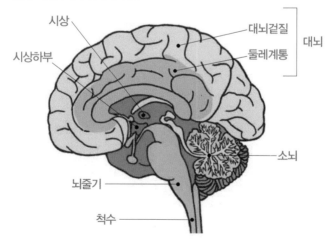

뇌줄기 위쪽에는 시상이 있다. 시상은 뇌의 거의 정중앙에 있는데, 대뇌 겉질에서 나가는 명령과 대뇌겉질로 들어오는 정보 모두 이곳을 경유한다. 즉 뇌 내부를 흐르는 정보의 교차점 내지는 허브의 역할을 한다.

시상 바로 아래에는 단어 그대로 시상하부가 있다. 시상하부는 인간이 동물로서 가진 본능이라는 가장 기본적인 욕망을 발생시키는 곳이다. 음식물을 먹고 싶다는 섭식중추, 먹은 후에 배가 부르다는 것을 알리는 만복중추, 성욕을 생성시키는 성중추 등이 있다.

따라서 시상하부는 '본능을 만들어 내는 뇌'라고 부를 수 있겠다.

04 인간의 본능이 만드는 다섯 가지 욕구

본능은 다음의 다섯 가지 욕구를 가리킨다. 식욕, 성욕, 집단욕, 수면욕, 배설욕이 그것이다. 이 다섯 가지 욕구는 인간이 생존하기 위해 꼭 필요한데, 누가 특별히 가르쳐 주지 않아도 숙지하고 있다. 지령을 내리는 중추들이 태어날 때부터 시상하부에 자리 잡고 있기 때문이다.

특히 인간이라는 개체가 생존하기 위해 음식을 섭취하고 싶어 하는 식욕, 인간의 집단인 종이 살아남기 위해 성교하려는 성욕, 그리고 이 두 가지 욕구를 원활하게 충족시키기 위한 집단욕이 필수적이라 할 수 있다.

집단욕은 집단에 속하고자 하는 욕구다. 혼자 살 수 있는 동물은 거의 없다. 먹잇감을 얻는 것도, 배우자를 찾는 것도 집단에 속하는 편이 혼자 사는 것보다 훨씬 유리한 까닭이다.

동물은 집단에 속함으로써 종의 번영을 이룩하고 종의 절멸을 막는다.

자료 2 인간의 본능과 3대 욕구

특히 인간은 가족, 친구, 지역 사회, 학교, 국가라는 서로 다른 규모의 집단을 여러 개 형성하여 그곳에 소속되어 살아간다. 집단에 속하는 일은 다른 동물보다 인간에게 훨씬 중요한 듯하다.

식욕·성욕·집단욕 중 그 어느 하나라도 빠지면, 개체는 물론이고 인간이라는 종은 이 세상에서 없어지고 만다. 그래서 이 특히 중요한 세 가지 본능을 '인간의 3대 욕구[7]'라고 부르기도 한다.

---

7 과학적 근거는 없지만, 인간의 본능과 욕구를 쉽게 설명하기에 자주 쓰이는 말이다. 성욕이 아닌 배설욕이나 수면욕 등을 넣기도 한다.

본능을 만드는 시상하부는 인간 활동의 시작이다. 예를 들어 공복을 느껴 점심을 먹으려는 당신은 무엇을 먹을지 생각하면서 불고기, 메밀국수, 중화요리 등 몇 가지 후보를 꼽아 보다가 결국 중화요리를 먹기로 한다. 여기서 뇌 안에서 일어난 일련의 사고를 따라가 보면 다음과 같다.

우선 본능을 만드는 뇌의 시상하부에서 공복을 느끼고 먹고 싶다는 '욕구'가 생성된다. 이 신호가 54쪽에서 언급하게 될 둘레계통의 기댐핵과 해마에 닿는다.

시상하부가 발한 공복감을 받아들인 기댐핵은 먹고 싶다는 욕구를 충족하기 위해 뭔가 먹어 보자는 '의욕'을 만들어 낸다.

의욕이라는 신호를 받은 해마는 대뇌겉질의 다양한 영역에 보관된 음식 데이터베이스에서 정보들을 끌어내 편도체에 전달한다.

편도체는 과거에 먹었던 음식 데이터베이스 안에서 좋아하는 불고기, 메밀국수, 중화요리를 골라낸다. 이 세 가지 중 어느 것을 먹을 것인가? 이걸 결정하는 부위가 이마엽으로, 좋아하는 음식의 장점과 단점을 종합적으로 검토하여 최종적으로 결론을 내린다.

예를 들자면, 불고기는 맛있긴 하지만 다소 살이 찐 나에게는 칼로리가 높은 게 문제다. 반대로 메밀국수는 칼로리가 낮은 게 장점이나 이것만 먹어서는 공복감을 해소할 수가 없다.

그래, 채소가 많이 들어간 팔보채를 주문하면 높은 칼로리를 피하면서도 배를 든든하게 채울 수 있겠구나. 이렇게 점심이 결정되었다.

우리는 평소 별생각 없이 음식을 섭취하지만, 음식 메뉴를 결정하는 단순한 행위조차 뇌 속에서 정보가 시상하부 → 기댐핵 → 해마 → 편도체 → 이마엽을 지나는 복잡한 과정을 거친다.

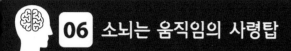
06 소뇌는 움직임의 사령탑

소뇌는 속귀(내이)로부터 전해지는 평형감각, 몸 전체의 근육, 힘줄, 관절에서 오는 정보를 이용하여 근육의 긴장과 움직임을 조절한다. 자세를 유지하거나 운동할 때 근육의 사령탑으로 기능하는 뇌가 소뇌다.

따라서 소뇌는 민감하고 정밀한 움직임을 취하는 동물일수록 상대적으로 더 발달해 있다. 예를 들어서 어류, 조류, 포유류의 소뇌는 크지만 양서류와 파충류는 작다.

그런데 지금까지 소뇌는 몸의 움직임에만 관련되어 있다고 알려져 있었는데, 최근에 운동과 연관된 기억이 소뇌에 복사되어 축적된다는 사실이 판명됐다.

예를 들어 탁구를 할 때 공이 날아오는 위치와 속도에 맞춰 라켓을 내밀어야 한다. 그때 라켓과 공의 위치 관계를 시시각각으로 포착해 뇌에서 처리하고 오차를 수정하여 최종적으로 라켓과 공을 딱 맞아떨어지게 해야 한다.

그러나 대뇌로 이런 처리를 하면 시간이 너무 오래 걸려서 탁구처럼 빠른 운동을 할 때 적합하지 않다. 그래서 소뇌에 라켓의 무게나 근육의 움직임 등 필요한 정보가 저장되어 있어서, 신속하고 매끄럽게 라켓을 휘두르는 것이 가능하지 않을까 생각되고 있다.

이렇게 뇌에서 가장 단순하다고 여겨지는 소뇌도 여전히 밝혀지지 않은 수수께끼가 많다.

자료 3　동물마다 다른 소뇌의 크기

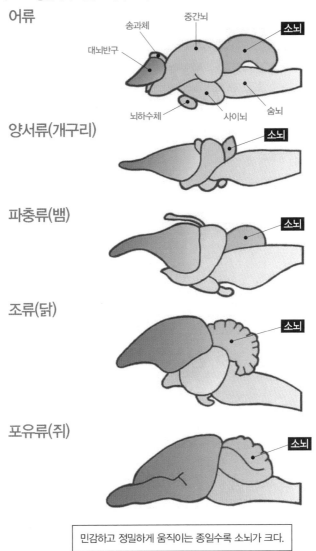

어류

송과체　중간뇌　소뇌

대뇌반구

뇌하수체　사이뇌　숨뇌

양서류(개구리)　소뇌

파충류(뱀)　소뇌

조류(닭)　소뇌

포유류(쥐)　소뇌

민감하고 정밀하게 움직이는 종일수록 소뇌가 크다.

뇌줄기 바로 위에는 뇌의 중간층이라고 할 수 있는 둘레계통이 있는데, 이곳에서 혐오, 기쁨, 분노, 슬픔 등의 본능적인 '감정'이 생성된다.

예를 들어 좋아하는 사람은 적극적으로 만나려 하지만 싫어하는 사람과는 어떤 핑계를 대서라도 가능한 한 마주치지 않으려 한다. 이렇게 어떤 것에 대한 호불호에 따라 우리의 행동은 크게 달라진다. 이 변화를 일으키는 곳이 바로 둘레계통이다. 즉 둘레계통은 무언가를 좋아하는지 싫어하는지를 판단하고, 우리의 행동은 그에 따라 달라진다. 좋아한다면 의욕과 동기가 생겨서 긍정적인 행동을 일으킨다. 반대로 싫어한다면 그걸 피하려는 행동을 보이게 된다.

둘레계통은 상당히 큰 부위인데 편도체, 기댐핵, 해마 등으로 구성되어 있다. 편도체는 해마의 끝부분에 있는데 호감, 혐오, 공포 등의 감정을 결정한다. 만약 이 부위가 손상되면 이러한 감정이 사라져서 바퀴벌레나 뱀을 보고도 싫다는 생각을 하지 못하고, 초콜릿이나 아이스크림 같은 맛있는 음식을 보고도 먹고 싶다는 느낌이 들지 않는다.

둘레계통과 대뇌겉질을 잇는 파이프 같은 역할을 하는 것이 기댐핵인데, 여기가 자극을 받으면 의욕과 기운이 넘치게 된다. 그래서 기댐핵을 '의욕의 뇌'라고 부른다. 기댐핵은 둘레계통에서 생성되는 감정이라는 정보를 받아서 사고, 판단, 결단 등 고도의 정신 활동을 관장하는 대뇌겉질에 전함으로써 구체적인 행동을 일으키도록 촉진한다.

자료 4 감정을 생성하는 둘레계통

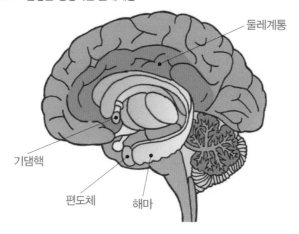

둘레계통

기댐핵

편도체   해마

해마는 크고 살짝 구부러져 있어서 그 모양이 마치 바다에 사는 해마와 생김새가 비슷하다. 경험으로 얻는 정보(기억)들을 받아서 갖고 있다가 뇌의 적절한 장소에 나누어 수납하고, 필요에 따라 불러내는 부위다.

기억할 수 있기에 우리는 학교나 직장을 문제없이 다닐 수 있고, 어제까지 했던 일을 오늘도 이어서 할 수 있다. 다시 말해 기억은 개인이 인간으로서 생활하기 위한 토대다.

우리는 대개 경험이나 학습한 것을 '기억하는 것'을 기억이라고 부르지만, 뇌과학에서 말하는 기억의 정의는 좀 더 엄밀하다. 경험하고 학습한 것을 기명하고, 보유하고, 재생하는 3단계가 모두 이루어져야 '기억했다'라고 말한다.

기명이란 경험 및 학습한 것을 머릿속에 새기는 일이다. 보유는 기명된 것을 유지하는 일이다. 그리고 재생(혹은 추인)이란 경험 및 학습한 내용을 떠올리는 절차다. 기명, 보유, 재생이라는 이 3단계가 실행되어야 처음으로 '기억'이 되는 것이다.[8]

기억에는 2단계가 있다. 우선 앞이마엽에서 처리하는 기억은 단기간에 사라진다. 이것을 단기기억이라고 한다. 하지만 그중 몇 개는 대뇌겉질의 여러 영역으로 이동하여 오래 남는다. 이것이 바로 장기기억이다.

뇌를 컴퓨터에 빗대자면, 앞이마엽은 메모리, 기억을 장기적으로 유지하는 대뇌겉질이나 소뇌 등은 하드디스크에 해당한다.

장기기억 중 의식적으로 혹은 의도적으로 표현할 수 있는 기억을 '서술기억'이라고 한다. 한편 자전거나 스키를 타는 운동 정보, 다시 말해 몸

---

8 더 자세히는 기명, 보유, 파지, 재생, 재인의 5단계로 설명한다. 파지란 보유한 것을 완벽하게 이해하는 절차, 재인은 재생이 적절한지 판단하는 과정이다. 이 책에서는 뇌의 활동을 보여 주기 위해 기억의 단계를 간소화하여 설명했다.

의 기억은 '절차기억'이라고 한다. 일단 자전거를 탈 줄 알게 되면 한동안 오래 타지 않아도 언제든 다시 잘 탈 수 있는 이유는 이 절차기억 덕분이다.[9]

9 장기기억은 크게 서술기억(explicit memory)과 암묵기억(implicit memory)으로 나뉜다. 서술기억은 다시 의미기억(일반상식 등)과 일화기억(과거 경험한 사건)으로 나뉜다. 한편 암묵기억은 절차기억, 점화(자극에 대한 반응), 고전적 조건화(무조건적 반응), 비연합(습관 등) 등으로 나뉜다. 본문에서는 대표적인 암묵기억인 절차기억만을 언급하고 있다.

09 20년 만의 추억

당신이 종합 상사의 최전선에서 열심히 일하는 셀러리맨이라고 상상해 보자. 당신은 대학 시절에는 테니스부에서 활약했고, 연습으로 시원하게 땀을 흘리고 샤워를 한 후에 친구들과 동아리방에서 맥주를 마시며 수다를 떠는 걸 좋아했다.

그런 당신도 취직 후에는 해외 출장 등으로 정신없이 바쁜 나날을 보냈다. 테니스부 친구들을 만날 기회도 없이 어느덧 20년이라는 세월이 흐르고 말았다. 그런데 어느 날, 우연히 도쿄 야에스[10]에 있는 어느 호텔에서 낯익은 얼굴과 마주친다.

'저 사람, 혹시 야마다 아닌가? 분명 맞는데.'

그렇게 직감한 당신은 혹시나 하여 말을 걸었더니, 역시나 그는 테니스부 친구였던 야마다였다.

---

10 도쿄역 동쪽 일대를 가리키는 지역명.

호텔 로비에서 한동안 서서 이야기를 나누던 두 사람은, 함께 테니스를 치고 맥주를 마셨던 20년도 훨씬 넘은 아주 예전 일을 마치 어제 일처럼 선명하게 떠올리며 즐거운 한때를 보냈다.

이런 경험을 할 수 있는 이유는 야마다를 포함한 친구들과 테니스를 쳤던 경험, 연습하면서 흘린 땀을 샤워로 씻어냈던 것, 동아리방에서 친구들과 함께 맥주를 마셨던 기억, 그들과 떨었던 수다 등의 정보(기억)가 뇌에 기명되었기 때문이다.

자료 5 정보의 입력부터 출력까지

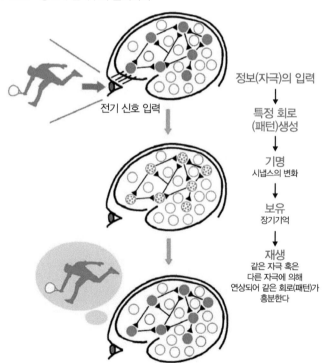

전기 신호 입력

정보(자극)의 입력
↓
특정 회로
(패턴)생성
↓
기명
시냅스의 변화
↓
보유
장기기억
↓
재생
같은 자극 혹은
다른 자극에 의해
연상되어 같은 회로(패턴)가
흥분한다

정보가 뇌로 들어가면 신경세포끼리 서로 이어진다. 신경세포끼리 이어진 부위를 시냅스라고 부른다. 수많은 신경세포는 수많은 시냅스를 형성하여(즉 신경세포끼리 연결되어) 뇌 회로를 만드는데, 그 회로 하나하나가 서로 다른 패턴을 취하는 것이 바로 기억이다.

비유하자면 뇌 회로는 전광판과 같다. 전광판이 수많은 발광소자의 점멸로 그림이나 문자를 표현하는 것처럼, 뇌 회로는 신경세포의 흥분(점등)과 비흥분(점등하지 않음)에 의해 생기는 패턴으로 표현된다.

하나의 정보에는 뇌 회로 패턴 하나가 대응한다. 이렇게 뇌 안에는 정보(기억) 하나하나에 대응해 뇌 회로가 무수히 생긴다. 대학 시절 기억 하나하나도 이런 패턴으로서 기명되는 것이다.

그런데 대학 시절 테니스부에서 활동했다는 뇌 회로 패턴은 뇌 안에 '기명'되고 '보유'되어 있긴 하지만, 취직한 이후 '재생'되는 일은 없었다. 그런데 호텔 로비에서 테니스부였던 친구 야마다를 만난 순간, 보유하기만 했던 야마다의 얼굴이 '재생'됐던 것이다.

야마다가 방아쇠가 되어 뇌 속에 기명되고 보유했던 대학 시절의 테니스부에서의 일들 하나하나가 순식간에 선명히 재생됐다.

뇌과학에서 말하는 기억이란 이런 일련의 신경세포 활동 전반을 가리킨다.

덧붙여, 도쿄대학교 미야시타 야스시의 연구팀은 기명하는 회로와 재생하는 회로는 정보 전달 속도에 서로 큰 차이가 있다고 보고했다.

연구팀은 원숭이에게 짝을 이루는 도형을 많이 기억하게 하고, 한쪽을 보여줬을 때 다른 한쪽의 도형을 머릿속에 떠올리게 하는 실험을 실시했다.

실험 결과, 눈이 입수한 정보(시각 정보)가 둘레계통에 닿아 기명되는 데는 0.01초가 걸렸다. 이에 비해 재생, 즉 둘레계통이 정보를 발한 후에 대뇌겉질이 반응하기까지 0.3초 가까이 걸렸다. 기명은 빠르지만 재생에는 상당한 시간이 필요하다고 판명된 것이다.

'생각이 날 듯 말 듯 하다'라는 말도 이런 기억 회로의 원리와 관련이 있을지도 모른다.

11 이성과 야심을 만들어 내는 대뇌겉질

진화 과정에서 인간의 뇌는 극단적으로 커졌다. 가장 현저하게 커진 곳이 바로 대뇌겉질로, 다른 동물과는 비교할 수 없을 정도로 뇌에서 큰 비중을 차지하고 있다. 인간이 느끼는 독특한 감정, 손가락의 정교한 움직임, 시각 등 섬세한 감각은 모두 대뇌겉질 덕분이다.

대뇌겉질은 해부학적으로 네 부분(葉: '엽'이라고 읽는다)으로 나뉜다. 이마 부근 부위를 이마엽이라 하고, 머리 정상 부근을 마루엽, 머리 옆부분을 관자엽, 그리고 머리 뒷부분을 뒤통수엽이라고 부른다.[11]

엽마다 맡은 역할이 확실히 구분되어 있다. 이마엽에서는 사고, 판단, 상

자료 6 대뇌겉질의 네 부분

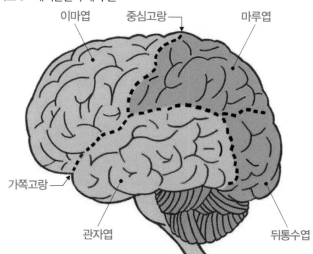

11 이 책에서는 개정된 해부학 용어를 사용한다. 여기서 말하는 이마엽은 흔히 전두엽이라고 부르는 부위다.

상, 예측, 관점, 성격 등의 '이성' 이외에도 '야심'을 만들어 낸다. 이성과 야심 모두 인간만이 가진 고도의 감정 작용이다.

특히 이마엽의 앞부분을 이마연합영역(이마앞영역)이라고 부르며 인간 뇌에서 창조성, 야심, 책임감 같은 가장 고차원적인 사고를 한다.

마루엽은 손발을 위시한 전신으로 들어오는 촉각과 통각 등의 감각을 느끼고 근육을 수축시켜 움직임을 제어한다.

관자엽은 귀로 들어온 말이나 음악 등의 정보를 이해하고, 음식의 맛과 향수 냄새 정보를 처리하고, 그림이나 도형 등의 물체를 인식하는 곳이다. 그리고 관자엽에서 처리한 정보를 해마에서 처리해 장기기억이 만들어진다.

한편 뒤통수엽은 눈을 통해 들어온 시각 정보를 처리한다.

주어진 일을 일단 해치우고 보지만 언제나 어중간하게 끝나는 제너럴리스트 조직보다는, 곳곳에 배치된 전문가들이 자신의 전문 분야를 확실하게 해내며 컨트롤타워의 통솔을 받는 조직이 더 강한 법이다. 뇌는 그걸 실천하고 있는 것이다.

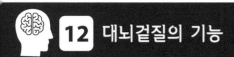

 기능적인 면에서 대뇌겉질을 보면 운동영역, 몸감각영역, 연합영역이라는 세 종류로 나눌 수 있다.

 운동영역은 중심고랑의 앞부분(이마엽의 일부)에 있는 특정 영역으로 몸의 움직임을 제어한다.

 몸감각영역은 중심고랑의 뒷부분(마루엽의 일부)에 있는 특정 영역으로 몸으로 느끼는 몸감각, 즉 촉각, 압각(壓覺), 온도 감각, 통각 등을 피부에서 받아 정보를 처리한다.

 한편 연합영역은 관자연합영역, 마루연합영역, 이마연합영역 세 가지로

자료 7 부위에 따라 역할이 분담되어 있다

운동연합영역
일차운동영역
중심고랑
이마안영역
이마연합영역
일차몸감각영역
마루연합영역
시각연합영역
미각영역
청각연합영역
관자연합영역
일차청각영역
일차시각영역
마루뒤통수연합영역

나눈다.

관자연합영역은 기억을 담당한다. 입력된 정보는 해마에서 일시적으로 유지하고 있는데 이 정보가 운동과 관련된 것이면 소뇌로, 지식과 관련된 것이면 대뇌겉질의 각 영역으로 분류해 보낸다. 대뇌겉질의 각 영역에 보존된 정보를 필요에 따라 불러내는 것이 관자연합영역의 역할이다.

마루연합영역은 몸감각, 시각, 청각, 미각 등을 받아들이는 수용기에서 보내는 정보를 지각하여 이해하고 인식하는 일을 담당한다.

예를 들어 손으로 고양이를 만졌다 치자. 이 손의 감각은 우선 몸감각영역으로 보내지고, 다음으로 마루연합영역으로 전송된다. 그제서야 처음으로 지금 만지는 것이 고양이임을 인식할 수 있다.

이마연합영역은 인간이 인간으로 존재하게 하는 창조성, 야심, 자기실현 욕구, 긍정적으로 살아가려는 자세, 희망, 선악 판별 등을 담당하는 중요한 부위다.

외상이나 종양 등으로 이마연합영역이 손상되면 야심, 책임감, 반듯함 등을 잃게 된다. 난폭해서 제어할 수가 없던 정신질환자들의 이마연합영역을 절제하는 수술인 로보토미(Lobotomy)[12]가 행해진 적이 있었다. 환자들은 바로 얌전해지긴 했으나 긍정적인 삶의 자세나 의욕을 완전히 잃고 폐인이 되었다. 지금은 이 수술이 금지되어 있다.

적극적으로 도전 의식을 가지고 인생을 더욱 즐겁게 살아가려면 긍정적으로 살아가려는 삶의 자세와 의욕이 꼭 필요하다. 그걸 만들어 내는 곳이 바로 이마연합영역이다.

---

12 해당 부위를 잘라내는 것이 아니라, 다른 뇌 부위와의 연결을 끊는 수술이다.

신경세포 사이를 오가며
마음을 낳는 물질

뇌의 각 부위는 서로 독립적이지 않으며, 신경세포라는 케이블로 서로
이어져 있어서 한 부위와 다른 부위가 정보 교환을 한다. 즉, 뇌의 특정 부
위에서 발생한 정보는 전기 신호의 형태로 길게 뻗은 신경세포의 축삭을

자료 8 정보가 뇌 안에서 전달되는 과정

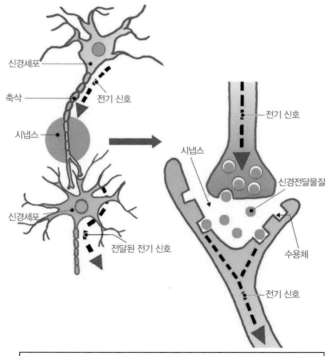

신경세포

축삭

전기 신호

시냅스

신경세포

전달된 전기 신호

전기 신호

시냅스

신경전달물질

수용체

전기 신호

신경세포와 신경세포 사이의 빈틈, 즉 시냅스에서는 전달된 전기 신호의
강도에 맞는 양의 신경전달물질이 헤엄쳐서 건너편으로 건너간다.

따라 흘러 뇌의 다른 부위로 전달된다.

인간의 뇌에는 신경세포가 치밀하게 짜여 뇌 회로를 만들고 있다. 그 모양이 마치 그물망 같아서 뇌 회로를 '신경 네트워크'라고도 부른다.

뇌 안에는 약 1,000억 개나 되는 신경세포가 있다. 하나의 신경세포마다 약 3만 개의 이음매(시냅스)가 있으므로, 뇌 안에는 1,000억×30,000=3,000조 개나 되는 시냅스가 존재한다고 계산할 수 있다.

신경세포끼리 맞닿은 이음매에는 아주 작은 빈틈이 있는데, 이것이 바로 시냅스다. 전기 신호는 신경세포의 축삭을 타고 흐르지만 그 상태로는 시냅스를 뛰어넘을 수 없다.

전기 신호가 신경세포의 끝부분까지 전해지면, 신호에 맞는 적절한 종류의 화학물질이 알맞은 양만큼 방출되는데 이를 신경전달물질이라 한다. 신경전달물질은 시냅스를 넘어 저편의 신경세포로 헤엄쳐 간다. 목표로 하는 신경세포의 포수, 즉 수용체에 다다르면 거기서 다시 전기 신호가 발생하여 신경세포 안을 달리게 된다.

다시 말해 정보는 신경세포 안에서 전기 신호로, 시냅스에서는 화학 신호로 형태를 바꾸면서 뇌 회로 안을 타고 움직인다.

우리가 무엇을 생각할 때 뇌 안의 신경세포에서는 전기 신호가, 시냅스에서는 신경전달물질이 빠른 속도로 이리저리 돌아다닌다고 할 수 있겠다.

14 흥분과 억제의 균형이 중요하다

뇌 회로를 타고 전기 신호와 신경전달물질이 돌 때 우리에게 마음이 생겨난다. 즉, 우리가 어떤 마음을 가질지는 뇌 안에서 형성된 뇌 회로의 종류와 시냅스를 흐르는 신경전달물질의 종류와 양에 따라 결정된다.

우리가 살아가기 위해서 뇌가 흥분하는 건 필요한 일이지만, 그렇다고 해서 뇌가 지나치게 흥분해도 좋지 않다. 브레이크와 액셀의 적절한 균형에 따라 자동차가 알맞은 속도로 안전하게 달릴 수 있는 것처럼, 뇌를 흥분시키는(액셀) 신경전달물질과 뇌의 흥분을 억제하는(브레이크) 신경전달물질의 균형이 적절하게 유지되어야 뇌 흥분이 적절하면서도 충분하게 유지됨으로써 쾌적한 기분으로 살 수 있다.

만약 흥분이 과해지면 과대망상 및 공격 성향을 보이는 조증(躁症)이 생길 수 있다. 뇌의 활동을 실시간으로 살펴볼 수 있는 PET(양전자 방출 단층

촬영)으로 조증 환자의 뇌를 관찰한 결과 뇌 전체가 과잉 활동한다는 사실을 알아냈다.

반대로 흥분 정도가 부족하면 기분이 저조해져서 우울증에 걸린다. 이 상태를 PET으로 살펴보면 뇌 전체의 활동이 저하되었음을 알 수 있다.

결론적으로, 뇌 안에서 신경전달물질의 균형을 유지함으로써 적절한 흥분을 일으켜야 한다.

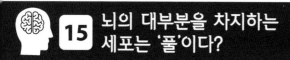

15 뇌의 대부분을 차지하는 세포는 '풀'이다?

　최근 연구에 의하면, 인간의 뇌 안에는 약 1,000억 개의 신경세포와 그 10배에 달하는 신경아교세포(neuroglia)가 가득 차 있어서 엄청난 수의 결합을 형성하고 있다고 한다.

　신경아교세포는 마치 아교(glue)처럼 늘 신경세포 옆에서 발견되기에 그런 이름이 붙었다. 신경아교세포는 신경세포에 영양 공급을 하는 역할, 그리고 신경세포와 혈관을 가로막아 뇌에 유해 물질이 침투하는 것을 막는 역할을 한다.

　신경아교세포의 종류로는 희소돌기아교세포(oligodendrocyte), 별아교세

자료 9　신경아교세포

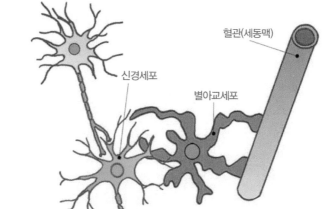

혈관(세동맥)

신경세포

별아교세포

말이집

포(astrocyte), 미세아교세포(microglia) 이렇게 세 가지가 있다.

희소돌기아교세포는 축삭을 지방으로 단단히 감싸 누전을 막는 말이집을 형성한다. 말이집이 얇아지면 축삭을 지나는 전기 신호의 속도가 대폭 감소하기 때문에 머리 회전이 나빠진다.

별아교세포는 혈액이 운반해 온 산소와 영양소를 신경세포에 전달한다.

미세아교세포는 뇌에서 손상이 발생한 곳에 빠르게 증식하여 노폐물과 유독한 물질을 제거한다.

신경세포와 신경아교세포는 같은 미숙한 세포에서 성장하여 나뉘진 것이지만, 둘 중 어느 쪽이 될지 결정하는 원리는 아직 밝혀진 바가 없다.

신경아교세포는 평생 만들어지지만, 가장 많이 생성되는 때는 인간이 출생한 직후 뇌가 폭발적으로 발달하는 시기다.

16 쾌감을 갈구하며 살아가는 인간

인간은 어떻게 살아가야 하는가? 어떻게 해야 올바른 인생을 걸을 수 있을까? 어떻게 하면 행복하게 살 수 있을까? 행복은 인간이 끝없이 갈망하는 것이다.

이 책에서는 뇌과학의 관점에서 '행복한 인생'을 '쾌감을 얻고 긍정적인 감정을 가지며 적극적으로 살아가는 것'이라고 정의한다. 이 중 첫 번째인 '인간은 쾌감을 갈구하며 살아간다'를 보자.

먹고 싶은 것을 먹고 만족한다. 거대한 나이아가라 폭포를 꼭 한번 보고 싶다는 오랜 바람이 이루어진 그 순간 기쁨과 감격으로 가슴이 벅차오른다.

이번 분기 매출이 목표치를 넘어 회사 사람들 앞에서 상사에게 잘했다는 칭찬을 받으면 기쁘다. 맛있는 불고기나 큼지막한 전복 회를 먹으면 행복해진다. 운동회에서 1등상을 받은 아이는 기뻐서 펄쩍펄쩍 뛴다.

욕망이 충족되면 만족감을 얻을 수 있지만, 그 욕망이 크면 클수록 채워졌을 때의 만족감도 크다.

좀 더 금욕적으로 살아야 한다는 의견도 있다. 하지만 욕망은 뇌의 시상하부에서 생겨나는 것이므로 인간이 살아가는 한 결코 없앨 수가 없다. 욕망이 적절한 범위 안에서 발휘되도록, 그리고 올바른 방향으로 흘러가도록 훈련하는 수밖에 없다.

쾌감과 만족감을 갈구하는 것이야말로 인간이 살아가는 에너지원이라 할 수 있다.

17 보상 회로가 자리 잡은 곳

그렇다면 쾌감을 낳는 부위는 뇌의 어디에 있을까? 쥐를 이용한 실험에서 그것이 둘레계통에 있음을 발견했다.

우선 지름 수 마이크론 정도 크기의 극세 전극을 쥐의 대뇌에 넣는다. 이 전극은 페달과 연결되어서 쥐가 페달을 밟을 때마다 전극에서 쥐의 대뇌에 미약한 전류가 흐르게 된다.

그리고 쥐의 대뇌에 심은 전극의 위치를 조금씩 움직여 가며 쥐를 관찰했고, 전극이 닿았을 때 쥐가 몇 번이나 반복하여 페달을 밟게 되는 특별한 부위(둘레계통)를 발견하게 됐다.

쥐가 몇 번이나 페달을 밟은 이유는 미약한 전류가 흘러서 쾌감이라는 보상을 얻을 수 있기 때문이라고 해석했다. 그래서 쥐의 뇌에 있는 둘레계통을 '보상 회로'라고 부르게 됐다.

이런 실험을 인간에게 할 수는 없다. 그러나 먹고, 성교하고, 다른 사람을 사랑하고, 좋은 행동을 하고, 칭찬받고, 힘든 사람을 돕고, 새로운 지식을 얻고, 배려하고, 좋은 아이디어를 떠올리고, 자원봉사를 하고, 운동하고, 어려운 일에 도전하는 등 여러 활동을 함으로써 인간에게 (쥐와 같은) 쾌감이 생긴다고 보고 있다. 이 역시 보상이다.

신경전달물질의 흐름이 마음을 낳는다면 편안함, 즐거움, 기쁨, 좋은 기분을 만들어 내는 물질도 있을지 모른다.

뇌를 흥분시키는 도파민, 노르아드레날린, 세로토닌 등을 흥분성 신경전달물질이라 한다. 반대로 가바(GABA)와 글리신[13] 등은 뇌의 흥분을 억누르기에 억제성 신경전달물질이라 한다.

사실은 흥분성 신경전달물질인 도파민이야말로 쾌감 물질이다. 도파민을 생성하고 방출하는 도파민 신경은 중간뇌에 풍부하게 존재한다. 이 도파민이 보상 회로를 돌 때 우리는 좋은 기분을 느끼게 된다.

그런데 인간의 보상 회로는 대뇌겉질에도 뻗어 있다. 그 시작은 중간뇌

자료 10 보상 회로

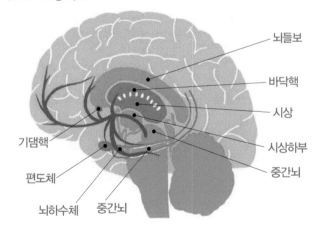

뇌들보

바닥핵

시상

시상하부

중간뇌

기댐핵

편도체

뇌하수체 중간뇌

---
13 아미노산의 하나. 신경전달물질로 기능한다.

의 측면에 있는 배쪽피개영역(VTA)인데, 여기서 둘레계통의 편도체와 기댐핵을 지나 바닥핵을 경유해서 대뇌겉질의 이마엽과 관자엽까지 이른다.

즉, 도파민 신경은 본능을 발생시키는 뇌줄기, 감정을 다루는 둘레계통, 그리고 판단력, 예측, 관점, 추리 등을 제어하는 이마엽까지 이어져 있는 것이다.

이마엽의 흥분이 둘레계통을 거쳐 도파민 신경을 자극해 도파민이 나오면 우리는 쾌감을 느낀다. 한편 보상 회로가 흥분하면 이 흥분이 이마엽으로 전해진다. 이 상호 작용을 통해 쾌감이 커진다.

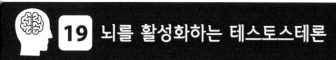

19 뇌를 활성화하는 테스토스테론

의욕을 발생시키는 물질로 꼭 기억해야 할 것은 테스토스테론이다. 테스토스테론은 남녀 모두에게 사춘기를 시작하게 하는 호르몬으로, 여성보다 남성이 더 많아서 남성호르몬이라고 부르지만 그 수용체는 여성에게도 있으며 남녀 모두에게 중요한 호르몬이다.

뇌에는 둘레계통이나 성중추에 테스토스테론 수용체가 밀집해 있다. 테스토스테론이 이들 부위에 작용하여 의욕을 불러일으키고 기분을 단번에 드높인다. 예를 들어 업무를 성공적으로 처리하거나 근육 운동 등으로 근육을 기를 때도 테스토스테론의 양이 증가한다. 테스토스테론을 투여하면 우울증도 완화된다.

도파민이나 테스토스테론이 뇌 안에 있는 각각의 수용체에 도킹함으로써 뇌가 활성화한다. 다시 말해 주의력, 기억력, 학습 및 이해 능력, 의욕이 높아진다. 감정이 고양되고 행동은 재빨라지며 평형감각도 예민해진다. 도파민과 테스토스테론 중 어느 한쪽이 방아쇠를 당겨도, 혹은 둘 중 어느 부위(대뇌겉질이나 둘레계통)에서 흥분이 시작되더라도 쾌감과 의욕을 얻을 수 있으며 뇌가 활발해진다.

어떤 활동을 통해 쾌감을 얻을 수 있다고 치자. 쉬운 예로는 어려운 문제나 퍼즐에 도전해서 그걸 풀었을 때, 어떤 것을 이해했을 때 '아하, 알았다!' 하는 쾌감을 얻을 수 있다.

이 성공 체험은 대뇌겉질에 강하게 기억된다. 인간이 필사적으로 노력하는 건 이 쾌감을 얻기 위해서다. 어떤 활동을 성공적으로 수행해 쾌감을 얻은 인간은 다시금 쾌감을 느끼기 위해 노력한다. 의욕 면에서 보자면 '성공은 성공의 어머니'라고 할 수 있겠다.

20 개구리의 자식은 개구리일 따름일까?

뇌 안에서 형성되는 뇌 회로의 종류, 그리고 회로를 오가는 신경전달물질의 종류와 양은 우리의 마음 상태에 큰 영향을 미친다. 그리고 우리의 마음이 우리의 행동을 결정한다.

그래서 인간의 생각이나 행동은 유전자에 의해 결정된다는 주장도 나온다. 이게 바로 '유전자 결정론'인데, 다음과 같은 논의가 전개된다. 개의 자식은 개. 말의 자식은 말. 원숭이의 자식은 원숭이라는 것이다. 동물의 종은 유전자로 정해져 있으므로 원숭이를 아무리 훈련시켜도 인간은 될 수 없다.

여기까지는 특별히 반박할 수 없는 진실이긴 하지만, 위험한 주장은 이 지점에서 더 나아간다.

'뇌 회로의 형성은 유전자에 의해 정해지므로, 머리의 좋고 나쁨도 선천적으로 정해질 수밖에 없다. 또한 유전자가 뇌 회로를 결정하고, 뇌가 마음과 몸을 제어한다. 그러므로 유전자가 우리의 생각과 행동을 결정하는 것이다'. 이것이 바로 '유전자 결정론'이다.

다윈의 진화론은 다양한 생물에 있어 환경에 적응한 종이 살아남고(선택) 적응하지 못한 것은 배제된다(도태)고 설명한다. 여기에서 선택되는 인간과 도태되는 인간을 구별해 인간을 개량하려는 이른바 우생학이 등장했다. 그러나 이것은 곧 단순한 과학이나 사상의 범주를 뛰어넘어 우생운동으로 옮겨갔다.

'결함이 있는' 인간을 인류 사회에서 제거해야 한다는 명목으로, 인류는 몸과 마음에 장애가 있는 사회적 약자들을 강제로 가두고 단종 수술을 행하는 식으로 비인도적인 탄압을 반복했다. 제2차 세계대전 중에는 나치가 정권을 잡은 독일이 우생운동을 벌여 약자와 유대인을 대량 학살했다. 일본에서도 정신병 환자나 한센병 환자들을 대상으로 불임 수술을 강제적으로

행한 역사가 있다.

  잘못된 역사를 반성하고 여기에서 교훈을 얻은 지금은 우생학은 물론이 거니와 이를 기반으로 하는 유전자 결정론은 기피되고 금기시되고 있다.

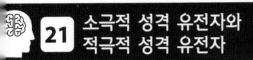

21 소극적 성격 유전자와
적극적 성격 유전자

그러나 2000년 6월에 인간이 가진 모든 유전자를 해독한 인간 게놈 프로젝트가 종료된 것을 기점으로 유전자 결정론이 재유행하기 시작했다. 특정 유전자가 있으면 질병이 발생한다, 유전자로 행동 예측을 할 수 있다, 유전자로 성격을 알 수 있다 등의 주장이 퍼진 것.

예를 들어 일본인은 수줍음이 많아서 '진짜 해내야 하는 순간에 실력 발휘를 제대로 하지 못한다'라고 한다. 이와 대조적으로 미국인은 적극적인 성격이 많다고 한다. 이 차이는 세로토닌이나 도파민의 유전자 차이에서 비

자료 11　도파민 수용체 유전자의 반복 배열 비교

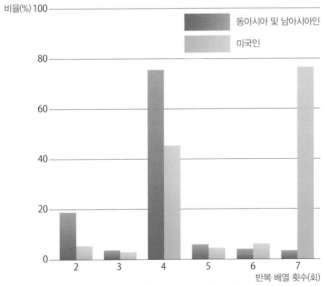

출처: Fong-Ming Chang et al., "Hum Gene", 98: 91-101, 1996.

롯된 것이 아니냐는 주장이 제기되고 있다.

예일대학교의 퐁밍창 연구팀은 도파민 수용체 유전자에 주목하여 어느 특정 배열의 반복이 미국인에게는 더 많고, 동아시아 및 남아시아인에게는 적다는 보고를 했다. 도파민 유전자에서 이 특정한 배열 반복이 많을수록 호기심에 기초한 행동을 취하는 경향, 새롭고 기이한 것을 추구하는 성향이 강하다고 한다.

또한 세로토닌 유전자에는 긴 것(I형)과 짧은 것(S형)이 있는데, 미국인 중에서는 S형을 가진 사람이 적은(19퍼센트) 반면 일본인의 대부분(68퍼센트)은 S형이다. 세로토닌 유전자에서 S형은 불안을 잘 느끼는 것과 관련이 있다고 한다.

바로 이 점에서 유전자의 형태 차이가 신호 전달에 있어 차이를 일으키며, 스트레스를 받았을 때 느끼는 불안과 흥분의 정도 차이로 드러나는 것이 아니냐고 추측할 수 있다.

그러나 인간의 복잡한 성격이 유전자, 그것도 단 하나의 유전자에 의해 정해질 리가 없다.

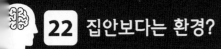

22 집안보다는 환경?

유전자 결정론과 대조되는 것이 바로 사회학자들이 주로 내세우는 '집안보다는 환경'이다. 다시 말해 유전보다 환경을 중시해야 한다는 주장이다.

당연히 머리의 좋고 나쁨, 생각과 행동은 유전자만으로 정해지지지 않는다. 뇌는 주변 환경에서 받아들인 정보에 따라서 크게 달라진다. 주변 환경이란 가족, 친구, 학교 교육, 스포츠, 예술, 놀이 등이며 이는 유전자와는 전혀 상관이 없다. 다음 장에서도 살펴보겠지만, 그 영향이 긍정적이든 부정적이든 환경이 아이의 뇌에 큰 영향을 끼친다는 점에는 의심할 여지가 없다.

2000년에 일본 법무성은 소년원에 들어간 14~22세의 남녀 약 2,300명을 대상으로 시행한 조사 결과를 발표했는데, 이에 따르면 조사 대상의 약 절반에 해당하는 남녀가 '과거에 부모로부터 학대를 받은 적이 있다'라고 답했다. 주된 학대 내용 세 가지는 신체적 폭력, 성적 폭력, 하루 이상 식사를 주지 않은 것이 있었다. 특히 여자의 반 이상은 '학대를 받은 경험 때문에 비행을 저지르게 된 것 같다'라고 답했다.

뇌가 활발히 성장하는 시기에 부모로부터 받은 학대가 신경세포의 건전한 발육을 저해했을 것이다. 환경이 뇌에 영향을 끼친다는 점은 분명해 보인다.

그러나 환경이 인간 인생의 모든 것을 결정하는 것도 아니다. 예를 들어 알코올 사용 장애가 있는 부모에게서 태어났다고 해서 장래에 그 아이가 성인이 됐을 때 반드시 알코올 사용 장애 환자가 되는 것은 아니다. 범죄자 부모에게서 키워진 아이가 훗날 꼭 범죄자가 되라는 법 역시 없다. 학대받

은 아이가 커서 역시나 학대 부모가 되는 비율은 전체적으로 봤을 때 극히 일부에 불과하다.

오히려 그렇게 되지 않겠다고 결심하고 부모를 반면교사 삼아 훌륭한 어른으로 성장해서 불우한 사람들에게 손을 내미는 심성 착한 사람들이 더 많다. 붕괴 직전의 가정에서 자랐으면서도 미국 대통령까지 되어 훌륭한 정치 수완을 발휘한 빌 클린턴이 그 대표적인 예다.

백인 어머니와 흑인 아버지 사이에서 태어나, 그 후 부모님의 이혼으로 어머니와 외조부모 밑에서 자라면서 자기 정체성에 대해 고민했던 한 소년은 청년이 되어 가난한 사람과 약자들을 위해 일했고 48세에 미국 대통령으로 당선되기까지 했다. 그 이름은 바로 버락 오바마다.

한편 처음부터 부족함 없는 환경에서 자란 아이들이 모두 건전히 자라나느냐 묻는다면 결코 그렇지 않다.

처한 환경만이 인간의 행동을 결정한다는 주장은 유전자 결정론과 마찬가지로 문제가 있다. 그러므로 유전자 혹은 환경 중 양자택일을 할 일이 아니라, 유전자와 환경 모두 중요하다고 봐야 한다.

24 유전자와 환경을 이기는 법: 뇌를 키우고, 단련하고, 지키기

그렇지만 유전도 환경도 자기 자신이 어떻게 할 수 없을 때가 있다.

예를 들어 어떤 나라에 태어날지는 자기가 선택할 수가 없지만 태어난 나라에 따라 사용하는 언어, 속하는 문화, 사회제도, 교육, 그에 따른 사고방식이 완전히 달라진다.

어떤 가정에 태어날지도 고를 수 없다. 부모님이 모두 계실지 아니면 한쪽만 있을지, 부모님이 부유할지 가난할지, 권력이 있을지 없을지, 성품이 어떨지 등도 알 수 없다. 가정뿐만 아니라 재능도 어느 정도까지는 유전자와 연관되어 있어서 개인의 의지로는 어찌할 도리가 없을 수도 있다.

그러나 개인의 의지로 선택할 수 있는 것도 존재한다. 어떤 목표나 목적을 가질지, 무엇을 어느 정도까지 공부할지, 어떤 취미를 가질지, 어떤 운동을 좋아하고 어떤 스포츠에 참가할지, 어떤 친구를 가질지, 어떤 직업을 가질지, 어떤 책을 읽을지 등이 그렇다.

개인의 의지에 따라 선택할 수 있는 것들이 이렇게나 많다. 인생은 유전이나 환경에 얽매여 있기보다는 오히려 개인 의지에 따라 정할 수 있는 게 더 많다고 강조하고 싶다.

육체적 건강이 유전과 환경에 강하게 영향을 받는다고 해도 개인의 대처방식에 따라 상태가 달라지는 것처럼, 뇌의 건강 역시 어떻게 대처하느냐에 따라 결과가 크게 달라질 것이다.

다음 장부터 그 대처법에 대해 자세히 살펴보자.

제3장

뇌의 탄생

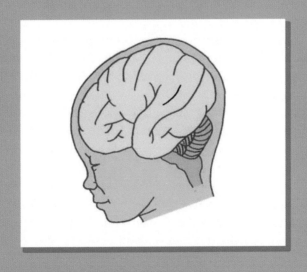

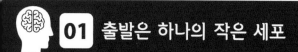
인간은 모두 하나의 수정란에서 시작된다. 지름 0.15밀리미터에 불과한 단 하나의 수정란이 약 10개월 동안 세포 분열을 반복하여 수조 개의 세포

자료 1   수정란에서 아기로 변하는 모습

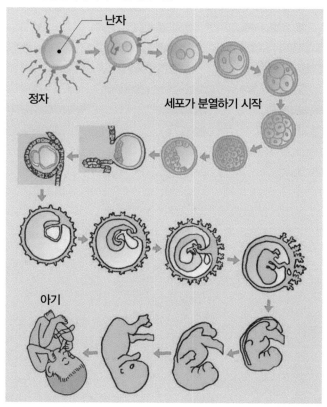

로 이루어진 키 50센티미터에 체중 3,200그램의 아기로 성장한다.

그 사이에 수정란이 모체로부터 받는 것은 적절한 영양분과 환경뿐이다. 그것만으로 1개의 세포가 아기로 알아서 모습을 바꾼다. 참으로 생명은 신기하다.

수정란이 분열한 것을 '배(胚)'라고 부른다. 배는 수정 후 경과 시간에 따라 배아(embryo)와 와 태아(fetus)로 구분한다. 수정 후 8주까지는 배아라고 부르고, 9주부터 출산까지는 태아라고 부른다. 배아기에는 주로 기관이 형성되고, 태아기에는 그렇게 형성된 각각의 기관이 발달한다.

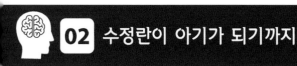
정자의 전체 길이는 0.06밀리미터다. 길이로만 봐서는 난자의 3분의 1 정도라고 생각할 수 있으나, 그 대부분은 꼬리다. 체적으로 보면 정자는 난자의 10만 분의 1에 불과하다. 이 작은 정자가 난자의 벽을 통과해 세포 내부로 들어감으로써 수정란이 생성된다. 이것이 수정이라는 현상으로, 인간 발생이 시작되는 순간이다.

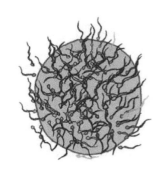

수정 후 십수 시간이 지나면, 수정란은 첫 분열을 시작하여 세포의 수는 2개가 된다. 이후 분열을 반복하며 자궁을 향해 이동한다. 그러는 사이 세포 수는 4개 → 8개 → 16개로 2배씩 증가한다.

자궁에 도착한 배는 자궁 내막에 달라붙는다. 이것이 착상인데, 수정한 지 약 7일 후에 일어나는 현상이다.

착상한 후 배의 지름은 약 0.2밀리미터로, 크기로 보면 수정했을 때와 별 차이가 없다. 그러나 이후에 배는 그때까지와는 전혀 다른 속도로 빠르게 성장한다. 3주째의 배는 지름이 약 3밀리미터까지 성장하고, 벌써 뇌와 신경계가 생겨나고 발달하기 시작한다.

4주째에는 약 5밀리미터까지 자라나며, 작지만 팔다리, 심장, 눈, 입 등 대부분의 장기(의 원형)가 갖춰진다. 6주째의 배는 13밀리미터까지 성장하여 머리는 몸통과 거의 같은 크기가 된다.

수정 후 8주까지의 기간에 해당하는 배아기는 뇌, 심장, 눈, 손발 등의 기관이 생기는 중요한 시기다. 이 기간이 순조롭지 않으면 후에 태어날 아기

자료 2 태아의 성장 과정

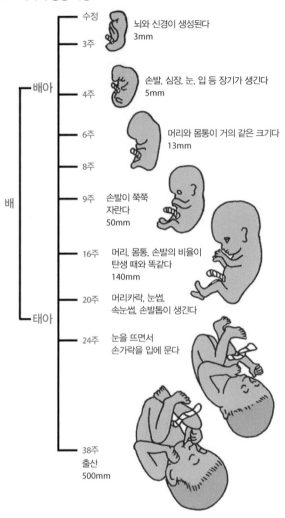

수정
3주 — 뇌와 신경이 생성된다
3mm

배아

4주 — 손발, 심장, 눈, 입 등 장기가 생긴다
5mm

6주 — 머리와 몸통이 거의 같은 크기다
13mm

8주

배

9주 — 손발이 쭉쭉
자란다
50mm

16주 — 머리, 몸통, 손발의 비율이
탄생 때와 똑같다
140mm

20주 — 머리카락, 눈썹,
속눈썹, 손발톱이 생긴다

태아

24주 — 눈을 뜨면서
손가락을 입에 문다

38주
출산
500mm

의 심신에 큰 이상이 생길 수 있다.

9주째부터 시작되는 태아기는 생성된 기관과 조직이 빠르게 발달하며 자신의 기능을 하기 시작하는 시기다. 몸길이가 약 50밀리미터까지 성장하여, 짧았던 팔다리가 쭉쭉 길어진다. 16주째의 태아는 몸길이 140밀리미터인데 머리, 몸통, 손발의 비율이 신생아와 거의 비슷해진다.

그리고 20주째의 태아에는 머리카락, 눈썹, 속눈썹, 손발톱이 생성된다. 24주째에는 눈이 떠지고, 손가락을 입에 무는 동작을 한다. 24주 이후의 태아는 만에 하나 조산되더라도 생존할 수 있다.

더욱 성장이 계속되어 수정한 지 38주(266일)를 넘으면 드디어 어머니의 출산길을 통해 이 세상에 나오게 된다.

참고로 임신 기간을 280일이라고 말하는 이유는 임신을 계산할 때 마지막 생리의 첫째 날부터 수를 세는 관습 때문이다. 마지막 생리를 한 지 2주일(14일) 후에 배란되는 난자가 수정되기에 '임신 기간'은 266일에 14일을 더한 280일이 되는 것이다.

03 복잡한 인간 뇌가 발달하는 과정

나무줄기에서는 수많은 나뭇가지가 뻗어 나간다. 신경세포를 나무줄기에 빗대었을 때, 여기서 뻗어 나가는 나뭇가지를 가지돌기라고 부른다.

신경세포 1개에는 3만 개가 넘는 가지돌기가 있다. 이 가지돌기들이 인접한 다른 신경세포들과 이어져 시냅스를 형성한다. 뇌 안에는 1,000억 개나 되는 신경세포가 있으므로 뇌 전체의 시냅스 수는 3,000조 개에 달한다고 계산할 수 있다.

이 엄청난 수치 자체도 놀랍지만, 이는 동시에 뇌의 성장과 발달이 매우 복잡한 과정을 거친다는 것을 의미한다. 이 엄청난 수의 신경세포는 머릿속에 불규칙적으로 존재하는 것이 아니라 일정한 질서에 따라 정연하게 배치되어 있다.

단 1개의 수정란에서 어마어마한 수의 시냅스를 가진 복잡한 뇌로 발달하는 모습을 살펴보도록 하자.

자료 3　신경세포의 구조

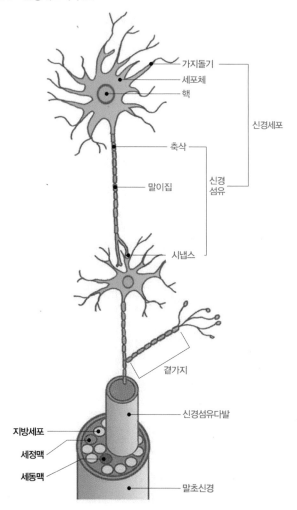

가지돌기

세포체

핵

신경세포

축삭

말이집

신경
섬유

시냅스

곁가지

신경섬유다발

지방세포

세정맥

세동맥

말초신경

배아 초기 단계의 중추신경계통(뇌와 척수를 아우르는 말이다)을 관찰해 보면, 어느 척추동물을 보더라도 1개의 관(파이프) 같은 모양임을 알 수 있다. 여기서 배아의 중추신경계를 신경관이라고 부른다. 신경관은 세포로 만들어진 벽에 둘러싸여 있고 내부는 체액으로 가득 차 있다.

수정 후 3주일이 지나면, 이제까지 하나의 관으로만 보였던 신경관이 살짝 부풀면서 앞뇌, 중간뇌, 마름뇌의 세 부분으로 나뉘기 시작한다.

수정 후 5주가 지나면, 앞뇌와 마름뇌의 내부에서 또다시 구별이 발생한다. 앞뇌는 점점 성장하여 끝뇌와 사이뇌로 나뉜다.

앞뇌에서 성장하는 끝부분을 끝뇌라고 한다. 끝뇌는 계속 성장하여 대뇌겉질, 바닥핵, 둘레계통 같은 대뇌반구가 된다.

대뇌겉질은 인간을 다른 동물과 완전히 구별하게 하는 뇌로, 인간을 인간답게 만든다. 바닥핵은 근육의 부드러운 연속적 움직임, 얼굴의 표정, 눈빛 등을 관리하는 곳이고, 둘레계통은 감정을 제어한다.

한편 사이뇌는 훗날 시상과 시상하부로 성장한다. 시상은 뇌에 출입하는 정보의 중계점이다. 시상 아래에 위치한 것이 시상하부로, 인간 욕망의 근원이다.

앞뇌 뒤편에는 중간뇌가 있다. 중간뇌는 시각, 청각, 근육 반사를 담당한다.

중간뇌 바로 뒤에는 마름뇌가 이어져 있다. 마름뇌는 앞뒤로 나뉘는데 앞부분은 이후 소뇌와 다리뇌로 성장하는 뒤뇌, 뒷부분은 숨뇌로 이루어져 있다. 소뇌는 신체 균형과 운동을 관장한다. 다리뇌는 대뇌와 소뇌 사이에서 정보를 중계한다. 숨뇌는 심장, 혈압, 기침, 재채기 등을 제어한다.

자료 4 뇌가 성장하는 모습

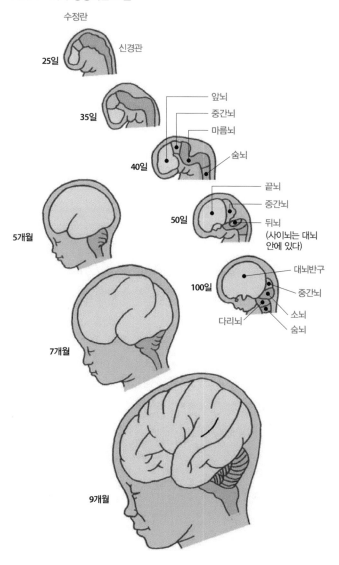

수정란

신경관

25일

35일

앞뇌
중간뇌
마름뇌
숨뇌

40일

끝뇌
중간뇌
뒤뇌
(사이뇌는 대뇌
안에 있다)

50일

5개월

대뇌반구
중간뇌
소뇌
숨뇌
다리뇌

100일

7개월

9개월

05 신경세포를 둘러싸고 있는 지방

사이뇌, 중간뇌, 다리뇌, 숨뇌를 합쳐서 뇌줄기라고 한다. 뇌줄기는 인간을 포함한 모든 동물의 생명 활동을 유지하는 가장 기본이 되는 뇌다. 수정 후 5개월 정도면 뇌줄기는 충분히 발달하게 되므로, 이 시기까지 자란 아기는 만에 하나 조산되더라도 생존할 수 있다.

수정 후 5~6개월이 지나면 대뇌겉질이 완성된다. 그리고 신경세포에서 길게 뻗은 부분(축삭)이 말이집이라는 기름막으로 싸이기 시작한다. 이를 말이집형성이라고 한다. 말이집이 형성된 신경세포를 말이집신경섬유, 말이집이 형성되지 않은 신경세포를 민말이집신경섬유라고 한다.

말이집형성에는 어떤 효과가 있을까.

정보는 전기 신호의 형태로 신경세포라는 케이블 속을 타고 전해진다. 민말이집신경섬유는 피복이 벗겨진 나전선과 같은 것이어서 전기 신호가 주변으로 새기 때문에 정보 전달 속도가 느리다.

반면 축삭이 기름막이라는 절연체로 보호받는 말이집신경섬유에서는 전기 신호가 주변으로 누전되지 않으므로 정보 전달 속도가 민말이집신경섬유보다 약 100배는 빠르다. 말이집이 정보 전달 속도를 비약적으로 높인다고 할 수 있겠다.

말이집형성은 아기가 태어난 후 성장하는 단계에서 더욱 진전된다.

수정된 지 몇 주 정도 된 태아의 뇌와 비교하면 성인의 뇌는 아주 복잡한 구조를 취하고 있다. 그러나 이 뇌들 모두 체액으로 가득 찬 튜브라는 점에서는 동일하다.

자료 5 성인의 뇌

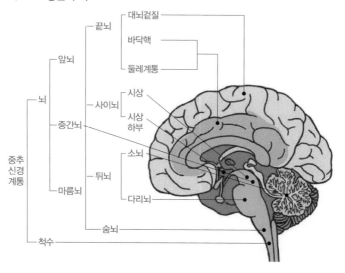

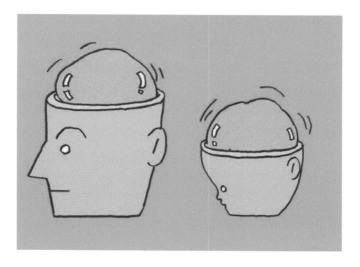

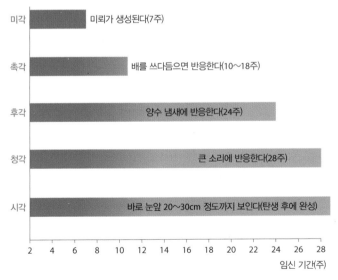

06 오감의 발달

미각, 후각, 촉각, 청각, 시각이 해당하는 오감은 태아로 있을 동안 발달하여 탄생 때 어느 정도 완성되어 있다. 그중에서 태아가 가장 빨리 획득하는 것이 바로 촉각이다. 수정 후 8주가 되면 태아는 입술과 뺨에 무언가 닿으면 반응하고 14주면 입술과 뺨 이외 부위의 접촉에도 반응을 보인다. 태아의 뇌에서 촉각을 관리하는 몸감각영역에 신경이 이어졌기 때문이다.

미각은 수정 후 12주 즈음에 느낀다. 22~24주면 소리에도 반응하게 된다. 그 시기에 청각을 맡는 관자엽이 신경과 이어지기 시작하기 때문이다.

24주 즈음에는 양수 냄새를 맡을 수 있다.

자료 6　오감 발달의 순서

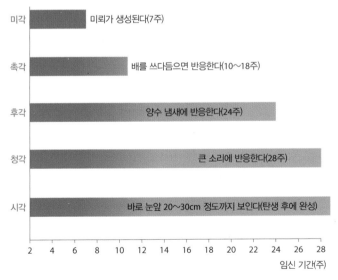

미각	미뢰가 생성된다(7주)
촉각	배를 쓰다듬으면 반응한다(10~18주)
후각	양수 냄새에 반응한다(24주)
청각	큰 소리에 반응한다(28주)
시각	바로 눈앞 20~30cm 정도까지 보인다(탄생 후에 완성)

2　4　6　8　10　12　14　16　18　20　22　24　26　28

임신 기간(주)

탄생 직후의 아기도 후각은 충분히 기능하고 있어서 어머니의 냄새를 맡을 수 있다.

오감 중 시각만이 미완성인 채 태어난다. 신생아는 눈을 통한 정보를 처리하는 뇌의 시각 영역 회로가 제대로 갖춰지지 않고, 말이집형성이 되어 있지도 않다. 갓 태어난 아기에게 선명히 보이는 건 바로 눈앞의 20~30센티미터 정도인데 이는 젖을 주는 어머니의 얼굴 부근에 해당한다.

질서정연한 뇌

인간의 뇌는 어느 부분이든 질서정연한 구조를 취하고 있다. 이 중 대뇌 겉질에는 형태도 크기도 저마다 다른 300억 개 정도 되는 신경세포가 6층 으로 배열되어 있다.

신경세포들은 미리 설정된 엄격한 일정에 따라 발달한다. 그 일정은 발달하는 영역에서 신경세포 간 상호 작용이 정한다.

어떤 식으로 대뇌겉질이 질서정연한 구조를 갖추는지 살펴보도록 하자. 수정 후 3주 후면 배의 신경관 안쪽에서 세포가 매우 활발하게 분열한다. 분열된 세포들은 촘촘히 밀집하여 뇌실대(ventricular zone)라는 층을 만든다.

뇌실대가 완성된 후에 만들어진 세포는 뇌실대를 떠나게 되는데 이때 유전자가 작용하여 신경세포 혹은 신경아교세포로 변한다.

뇌실대에서 새롭게 만들어진 세포는 순서대로 가장 바깥쪽으로 이동한다. 그렇다. 세포가 태어나서 뇌실대에 그대로 있는 게 아니라 그 이전에 생

자료 7 대뇌겉질의 발달 방식

(a) 신경관의 일부 단면

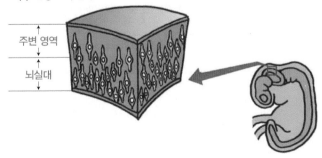

(b) 신경관의 일부 단면

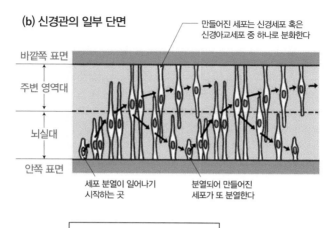

세포가 신경관 안을 오르내리면서
분열을 반복한다.

(c) 6층 구조

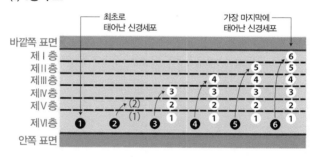

새롭게 태어난 신경세포가 바깥쪽으로 이동함으로써
새겉질은 6층의 구조를 이룬다.

긴 세포의 바깥쪽으로 이동하는 것이다.

대뇌겉질의 가장 안쪽 층(제VI층)에는 가장 예전에 생긴 신경세포가 있고, 제일 바깥층(제I층)을 가장 최근에 생긴 신경세포가 점한다.[14]

세포가 만들어지고 목적한 층에 도착할 때까지의 이동 시간은 대뇌겉질이 발달함에 따라 점점 길어진다. 예를 들어 새겉질의 제VI층에는 몇 시간 만에 도착하지만, 제일 바깥쪽인 제I층까지 가는 데는 며칠이 걸린다.

이러한 과정을 거쳐 수정 후 6개월 정도에 대뇌겉질이 거의 완성된다. 이후에는 신경세포와 신경세포가 서로 시냅스를 만든다. 단, 시냅스 형성이 가장 활발해지는 때는 아기로서 세상에 태어난 후다.

---

14 저자가 언급하는 제I층~제VI층 이야기는 새겉질 이야기다. 대뇌겉질은 새겉질과 부등겉질로 나눌 수 있는데 인간의 경우 90퍼센트가 새겉질이다.

08 신경세포가 성장하여 시냅스를 만든다

태아의 발달 단계에 따라 뇌는 점점 커진다. 신경세포가 발달하며 새로운 시냅스가 만들어진다. 신경세포의 축삭과 가지돌기는 쭉쭉 뻗어서 목적하는 신경세포(표적 세포)와 만나 시냅스를 형성한다.

단, 2개의 신경세포가 만났다고 해서 반드시 시냅스를 만드는 것은 아니다.

신경세포에서 뻗어 나간 축삭이나 가지돌기의 끝에 가느다란 실 같은 발이 생긴다. 이 발은 목적하는 신경세포가 방출하는 '성장인자'의 유도를 받

자료 8　시냅스가 만들어지는 방식

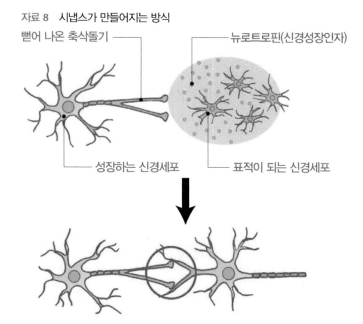

뻗어 나온 축삭돌기 ── ── 뉴로트로핀(신경성장인자)

성장하는 신경세포 ── 표적이 되는 신경세포

아 뻗어 나가서 두 신경세포 사이에 시냅스를 만든다. 성장 인자는 밭에 뿌리는 비료 같은 것이다. 성장 인자를 받아 전달할 수 있는 신경세포들 사이에서만 시냅스가 형성된다.

많은 신경세포가 시냅스를 매개로 이어짐으로써 어떤 목적을 위해 작용하는 뇌 회로가 완성된다. 만약 신경세포에서 방출된 물질이 표적 세포의 것이 아니라면, 축삭이나 가지돌기는 애써 뻗어 나갔음에도 불구하고 시냅스를 만들지 않는다. 시냅스를 만들지 못한 신경세포는 죽고 만다.

신경세포의 성장과 시냅스 형성을 촉진하는 뉴로트로핀(신경성장인자)은 BDNF(뇌유래신경영양인자), IGF-1(인슐린유사성장인자-1), VEGF(혈관표피성장인자), FGF-2(섬유아세포성장인자-2)의 네 가지가 알려져 있다.

운동으로 혈류가 활발해지면 이러한 성장인자들이 몸에서 대량으로 방출될 뿐만 아니라 뇌 안에서도 큰 효과를 발휘한다. 운동하면 머리가 좋아지는 이유가 바로 이것이다.

09 신경세포에서 가지를 치기 시작하다

뇌가 발달하기 위해서는 신경세포가 탄생하고 시냅스가 생겨야 한다. 그러나 배아나 태아 단계에서는 신경세포의 죽음이나 시냅스 비활성화 과정도 빼놓을 수가 없다.

다시 말해 태어난 신경세포 중 일정 수가 죽고, 마구잡이로 형성되어 있던 무질서하고 방대한 수의 시냅스가 솎아짐으로써 올바른 형태의 신경계가 완성되어 간다.

신경세포의 죽음은 아기로 태어나기 전에, 시냅스를 솎아내는 작업은 아기로 태어난 후에 진행한다.

발달 단계에서 이러한 세포의 죽음은 뇌에서만 일어나는 일이 아니다. 예를 들어서 손도 처음에는 하나의 덩어리로 출발하지만 태아가 자라나며

탈락되어야 할 세포가 자연히 죽음으로써 5개의 손가락이 달린 손의 형태가 완성된다. 마치 조각가가 정으로 돌을 깎아내어 작품을 완성하는 것과 비슷하다고 할 수 있겠다.

이렇게 발생과 분화 과정에서 필요한 세포의 죽음을 세포자멸사(apoptosis: 아포토시스)라고 한다. 'apo'와 'ptosis'라는 두 그리스어의 합성어로 'apo'는 '사라진다', 'ptosis'는 '떨어진다'라는 뜻이다. 마치 낙엽이 떨어져 사라지듯 세포가 탈락하는 것을 이름으로 표현한 것이다.

세포자멸사는 유전자가 조절하기 때문에 'programmed cell death(프로그램세포사)'라고도 부른다.

인간의 경우, 수정 후 10주에서 30주 사이에 척수에 있는 운동 신경세포의 약 30퍼센트가 죽는다. 또한 뇌 발달 초기 단계에서 죽는 세포의 비율은 영역마다 다르게 정해져 있는데 적으면 20퍼센트, 많으면 80퍼센트 정도로 그 수가 생각보다 꽤 많다.

탄생한 모든 신경세포가 살아서 활약하는 대신, 누군가가 죽음으로써 다른 세포의 작용을 돕는다. 우리의 생명은 생과 사의 조화를 통해 유지됨을 알 수 있다.

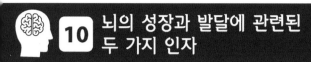

어떤 형태를 갖춘 뇌가 될 것인가? 신경세포의 축삭이나 가지돌기는 얼마나 뻗어 나갈 수 있는가? 축삭이나 가지돌기가 얼마나 많은 시냅스를 만들 수 있을 것인가? 이에 따라서 어떤 뇌 회로가 생성되는가?

성장 과정에 있는 뇌의 형태나 뇌 회로 생성을 결정하는 요인이 몇 가지 알려져 있는데, 크게 내재 인자와 외래 인자로 구분할 수 있다.

내재 인자는 말할 것도 없이 유전자를 가리킨다. 유전자는 세포에 어떤 종류의 단백질을 만들지 명령을 내림으로써 뇌의 발달에 큰 영향을 미친다.

뇌의 발달에 중요한 역할을 하는 유전자에 돌연변이가 발생하면 비정상적인 단백질이 생성된다. 그 결과 뇌 회로가 엉망이 되면서 정신질환이 발병할 수도 있고, 이상한 행동을 취하기도 한다.

한편 외래 인자로는 영양소, 약물, 독, 세포 간의 상호 작용 등이 있다.

예를 들어 임신 중인 여성이 특정한 약물을 섭취하면 기형아를 출산할 수도 있다. 대표적으로 임신 초기에 탈리도마이드 성분이 든 수면제를 먹은 임산부가 사지가 없거나 짧은 아기를 낳은 경우가 알려져 있다.

또 하나 중요한 외래 인자로는 세포 간 상호 작용이 있다. 세포가 특정 유전자를 이용할지 말지, 특정 형태가 될지 되지 않을지, 특정한 역할을 해낼지 아닐지 등을 결정하는 것이 바로 인접한 세포에서 방출되는 성장인자(101쪽)라는 사실이 밝혀진 것.

자료 9 태아의 뇌 발달에 관여하는 인자

인자		결과
내재 인자	염색체 이상	다운 증후군, 취약X증후군
		페닐케톤뇨증, 윌리엄스 증후군
외래 인자	영양소	발육 불량
	약물, 독	태아성 알코올 증후군
	바이러스 감염증	거대세포바이러스, 풍진바이러스
	세포 간 상호 작용	성장인자 부족으로 인한 발달 지연
	탄생 과정	무산소증에 의한 발달 지연

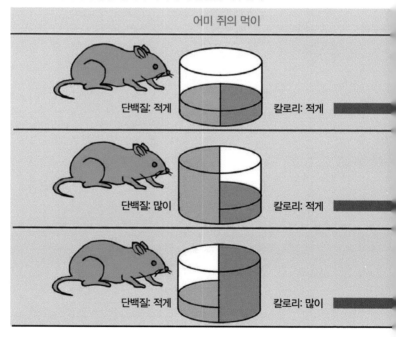

11 아기의 건강한 뇌 발달에 꼭 필요한 단백질

특히 태아기에서 수유기에 이르는 뇌 발달은 모체에서 공급되는 영양소에 의존하고 있으므로 아기의 뇌 기능은 모체의 영양 상태에 좌우된다. 만약 모체에 영양소가 부족하면 태아나 유아기의 뇌 발달에 안 좋은 영향을 준다.

듀크대학교의 키스 코너스는 태아기의 뇌에서 특히 필요한 영양소는 단백질임을 밝혀냈다. 시내에 사는 어머니들을 세 그룹으로 나누어, 1그룹에

자료 10 어머니의 영양 상태가 아기의 뇌 발달을 좌우한다

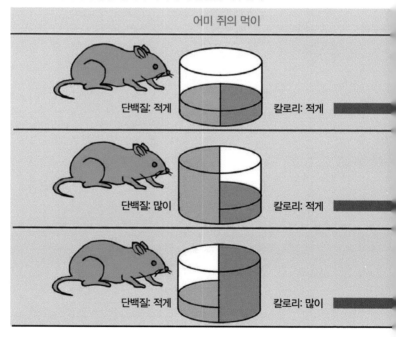

어미 쥐의 먹이

단백질: 적게   칼로리: 적게

단백질: 많이   칼로리: 적게

단백질: 적게   칼로리: 많이

는 고단백질의 음료를, 2그룹에는 저단백질 음료를, 3그룹에는 단백질이 함유되어 있지 않은 음료를 주었다.

그리고 생후 1세가 된 아기의 학습 능력과 집중력을 조사한 결과, 단백질을 많이 보충한 1그룹의 아기가 2그룹이나 3그룹에 비해 훨씬 뛰어났다.

쥐를 이용한 실험에서도 동일한 결과가 나왔다. 예를 들어서 어미 쥐가 칼로리를 부족하게 섭취했을 때는 뱃속에 있는 새끼 쥐의 뇌에 큰 문제를 주지 않지만, 칼로리는 충분한데 단백질이 부족하면 태어난 새끼 쥐의 지능에 문제가 생긴다는 것이 밝혀졌다.

따라서 아기의 뇌가 건강하게 발달하기 위해서는 단백질이 필수적임을 알 수 있다.

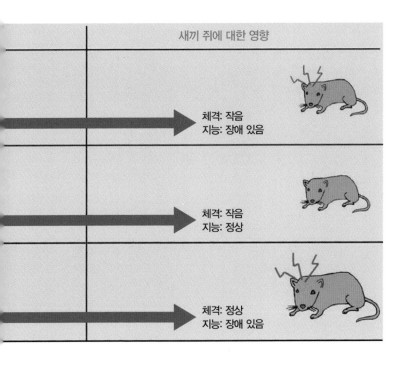

12 발달 과정이 조금만 틀어져도 위험하다

뇌가 정상적으로 발달하기 위해서는 신경세포가 증식해야 하고, 신경세포가 잘 이동하여 올바른 형태의 신경세포로 변해야 하고, 축삭이나 가지돌기가 잘 뻗어 나가야 하며, 시냅스가 잘 형성되어야 한다. 이렇게 여러 단계가 순서에 맞게 원활히 진행되어야 한다.

몇 개나 되는 단계를 거치는 복잡한 과정이기에 오류가 생길 가능성은 얼마든지 있다. 어느 단계든 일단 정체되면 뇌 구조에 나쁜 영향을 주고, 장애를 가진 아이가 태어날 수 있다.

그뿐만 아니라 태아로 있을 때는 별문제가 없어도 출산 시에 출산길을 지날 때 여러 가지 원인으로 아기가 일시적인 산소 부족에 빠질 때가 있다. 이러한 아기는 뇌에 장애가 발생하여 신경 발달이 지연될 가능성이 큰 문제 없이 태어난 아기보다 훨씬 높다.

미국에서 5~17세 아동 · 청소년을 대상으로 한 조사에 따르면 1,000명 중 3.6명의 IQ가 50 이하라고 한다.

13 다운 증후군과 뇌의 관계

염색체에 이상이 발생하면 지적 장애가 일어날 수 있다. 이런 유형의 지적 장애 중 가장 많은 것이 다운 증후군으로, 그 95퍼센트는 통상적으로 2개여야 할 21번 염색체가 1개 더 많은 3개(삼염색체성)가 되는 것이 원인이다.

다운 증후군을 앓는 아이의 발생률은 수정 시의 어머니 연령과 관련이 있다. 어머니가 35세를 넘으면 확률이 급격히 높아진다.

1983년부터 1995년까지 호주에서 행해진 조사에 따르면, 20세 이하의 여성은 발생률이 1,321명 중 1명꼴로 나오는 것에 비해 20~29세는 1,214명 중 1명, 30~34세에서는 636명 중 1명, 35~39세는 212명 중 1명, 45세 이상의 여성은 39명 중 1명에 달한다.

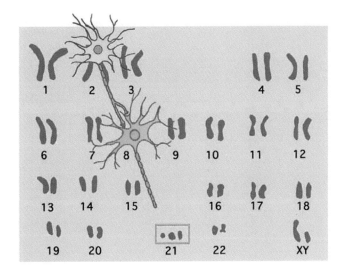

다운 증후군 환자의 IQ는 낮지만 IQ가 80에 달하는 아이도 종종 있다. 다운 증후군 환자의 신경세포에서 가지돌기가 뻗어 나가는 형태에 이상이 확인되고 있다. 이로 보아 이들의 뇌에서 시냅스가 충분히 만들어지지 않는다는 점은 분명하다.

여분의 염색체가 다운 증후군의 뇌 구조나 행동 이상에 어떤 식으로 관여하고 있는 것일까? 여분의 염색체를 가진 쥐를 만들어 뇌 구조와 행동을 조사했는데 다운 증후군과 상당히 비슷하다는 사실이 드러났다. 앞으로 이 쥐 모델이 다운 증후군에 대한 의문을 해결하는 데 도움이 될 것으로 기대된다.

14 취약 X 증후군

유전적 문제로 인해 발생하는 지적 장애 중 가장 주된 요인은 X 염색체에 있는 취약 부분에 의해 발생하는 취약 X 증후군일 것이다.

주사전자현미경을 사용해 X 염색체를 관찰하면 가늘어서 마치 끊어질 것처럼 보이는 부위가 보이는데, 이를 취약부위(Fragile X Messenger Ribonucleoprotein 1)라 부른다. 이 부분의 DNA가 불안정하여 기능을 하지 못하는 것이 취약 X 증후군의 원인이다.

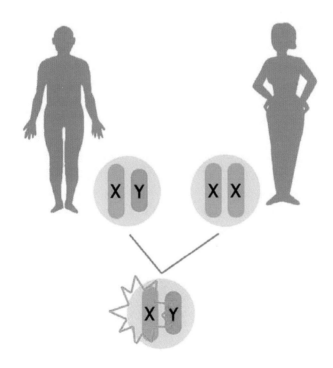

취약부위에 이상이 있는 사람은 긴 얼굴, 큰 귀, 뾰족한 턱 등 특징적인 얼굴 형태를 취하고 있으며 다양한 수준으로 인지력에 문제가 있다.

성을 결정하는 것이 성염색체다. 부모로부터 각자 X 염색체를 받아들여서 XX의 조합을 이루면 여성이 된다. 아버지로부터 Y, 어머니로부터 X를 받아들여 XY 조합을 이루면 남성이 된다.

이 병의 원인은 X 염색체상의 유전자 이상이다. 따라서 X 염색체를 2개나 가진 여성은 하나가 취약 X 증후군이어도 다른 정상 X 염색체가 증상을 완화한다. 즉, 이 병은 남성에게 두드러지게 나타나는 병이라 할 수 있다.

영국에서 실시한 조사에서는 출생한 남자아이의 1,500명 중 한 명이 취약 X 증후군 환자인 것으로 드러났다.

그런데 이 병의 원인을 분자 수준에서 추적해 보니 깜짝 놀랄 만한 결과가 나왔다. 유전자의 복사본을 자손에게 충실히 제공하는 줄만 알고 있었지만, 늘 그렇지는 않다는 사실이 드러났기 때문이다.

취약부위가 불안정해지는 원인은 다음과 같다. 이 부위에서는 CGC라는 3개의 염기가 한 단위가 되어 반복된다. 이것을 삼핵산 반복(trinucleotide repeat)이라고 한다. 정상인의 경우 삼핵산 반복이 6~53회 정도로 발견된다.

그런데 이 수는 정자나 난자가 생기는 시점에서 변할 수 있다. 예를 들어 50회의 삼핵산 반복을 가진 아버지가 아이에게 100회의 삼핵산 반복을 부여할 때가 있다. 그러나 51회에서 200회 사이라면 이 유전자를 가지고 있어도 발병하지 않으므로, 아이에게는 이상을 찾아볼 수 없다. 그런데 이 아이의 자식까지 가면 200회가 넘어가는 삼핵산 반복이 생긴다. 이렇게 취약 X 증후군이 발생하게 된다.

한 세대에서 다음 세대로 옮겨 가는 중에 삼핵산 반복의 수가 늘어나는 메커니즘은 아직 밝혀진 바가 없다. 인간 게놈 계획이 끝났지만, 인간 유전자의 복제 메커니즘은 아직 많은 부분이 베일에 싸여 있다.

15 초기 발견이 중요한 페닐케톤뇨증

인간 유전자에서 성염색체 이외의 염색체(상염색체)는 반드시 부모 양쪽에서 하나씩 받은 2개가 한 쌍을 이룬다. 한쪽에서 결손이 일어나도 다른 한쪽이 정상이라면 발병하지 않으나, 양쪽 모두 결손이면 발생하는 병이 있다.

이런 유형의 유전병을 상염색체 열성 질환이라고 하며, 페닐케톤뇨증이 대표적인 예다.

이 병은 페닐알라닌을 타이로신으로 분해하는 페닐알라닌 분해효소를 합성하는 유전자의 결손으로 발생한다. 분해되지 않은 페닐알라닌이 뇌 안에 축적되도록 그냥 두면 심각한 지적 장애가 생긴다.

평균적으로 약 50명 중 1명이 페닐케톤뇨증의 보인자다. 보인자란 부모 중 어느 한쪽에서 온 유전자만 결손이 있는 경우로, 발병에는 이르지 않는

페닐케톤뇨증임이 밝혀지면
저페닐알라닌 특수 분유를 먹인다
↓
뇌의 장애 발생을 억제

조기 발견이
중요합니다!

다. 발병하는 경우는 앞서 언급했듯 양쪽 모두의 유전자에 결손이 있을 때
로, 태어난 아기 1만 명 중 1명꼴에 해당한다.

　다행히 페닐케톤뇨증은 생후 며칠 이내에 혈액 중 페닐알라닌의 양을 검
사함으로써 발견할 수 있다. 페닐케톤뇨증임이 밝혀지면 일반적인 모유나
우유가 아니라 저(低)페닐알라닌 특수 분유를 줘야 한다. 뇌의 장애를 최대
한 억제하려면 초기 발견이 무척 중요하다.

16 윌리엄스 증후군

염색체 결손의 다른 예로 윌리엄스 증후군이 있다. 7번 염색체 일부에서 결손이 일어났을 때 발병한다.

결손 영역에는 환자마다 차이가 있지만, 엘라스틴 유전자가 포함되어 있다는 점이 공통된다. 엘라스틴은 피부, 혈관, 근육 등을 구성하고 지탱하며 탄력을 만드는 물질인데, 이것을 생성하지 못하는 윌리엄스 증후군 환자는 피부나 혈관에 이상이 생긴다.

넓적한 이마에 작은 머리, 위로 들린 코, 작은 턱 등의 얼굴 생김새가 특징이다. 주된 증상은 대동맥 등이 좁아지는 협착, 작은 키, 저체중, 유아기에 생기는 고칼슘혈증이다.

정신 발달이 늦어지면서 IQ 테스트에서는 대체로 40~79라는 중간 정도의 지적 지연 상태를 보인다. 환자들이 특히 어려워하는 것은 부분적으로 나뉜 그림을 모아 전체상을 구축하는 작업이다. 또한 소리에 심하게 민감한 반응을 보이기도 한다.

초기에는 언어 발달도 늦어지지만, 귀로 들은 말은 잘 기억하는 편이어서 말문이 트이면 풍부한 어휘량을 갖추고 대화할 수 있다. 학령기 이후부터는 좀처럼 가만히 있지 못하고 주의력 결핍이 생기기도 한다.

MRI로 이들의 뇌를 조사해 보면 뇌가 살짝 줄어들어 있음을 알 수 있다. 해부를 통해서도 뇌의 신경세포가 정상보다 빽빽하게 채워져 있으며 비정상적으로 포개져 있다는 사실이 확인됐다.

일본에서는 2만 명 중 1명꼴로 발생한다고 조사된 바 있다. 미국이나 유럽에서는 1만 명 중 1명 정도라고 하니, 실제로는 일본에서도 더 많을 가능성이 있다.

17 임산부가 피해야 할 '기형 유발 물질'

　유전자의 이상만이 아니라 어머니의 임신 중 약물 섭취, 감염증, 영양실조, 혹은 심각한 스트레스 등이 태아의 뇌 발달에 장애를 일으킬 수 있다.

　앞서 예로 들었던 탈리도마이드 사건에서는 임산부가 임신 초기에 복용한 탈리도마이드 성분의 수면제 때문에 사지에 장애를 가진 아이가 태어났다.

　임산부가 거대세포바이러스에 감염되면 태어난 아기의 정신발달이 늦어질 수 있다. 또한 풍진바이러스가 임신 4개월 이내의 임산부를 감염시키면, 태어난 아기가 정신적 발달이 늦어지거나 청각 기관에 장애가 생기는 등의

'선천성 풍진 증후군'을 앓을 수 있다.

이렇게 태아에게 기형을 발생시키는 원인이 되는 물질이나 바이러스를 기형 유발 물질 또는 기형원이라고 부른다. 모든 기형 유발 물질은 태반을 통해 태아에게 들어간다.

기형 유발 물질을 접하는 시기가 임신 초기에 가까울수록 태아가 받는 손상은 심각해진다. 초기 배아 단계에서는 뇌 등의 중요한 장기가 되는 세포의 수가 아직 적기 때문에, 단 하나의 세포라도 약물에 노출되거나 바이러스에 감염되면 배아 전체에 악영향을 끼치게 된다.

이후 배가 발달해서 태아 단계가 된 후에는 이미 많은 세포가 생겨서 영향은 초기 단계보다 적다. 그렇다 하더라도 기형 유발 물질에 접촉하는 것만큼은 피하는 게 가장 좋다.

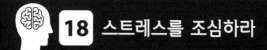

사실 임신 그 자체가 스트레스다. 가장 좋은 것은 임신 중에 요가나 마사지 등을 하며 편안하게 쉬는 일이지만, 실제로 대부분의 여성은 이 시기에도 일하면서 가족을 돌보고 집안일을 한다.

런던에 있는 한 병원에서 중산층 임산부들을 대상으로 심리 상태를 조사한 결과, 4분의 1이 불안이나 우울증 증상을 겪고 있으며 마찬가지로 4분의 1이 남편과일상적으로 언쟁을 벌이고 있었다.

이런 여성이 낳은 아기는 대조군이 낳은 아기들에 비해 체중과 IQ가 낮고 발달도 늦었다.

소위 산전우울증은 산후우울증과 마찬가지로 빈번히 발생하며, 아기에게 미치는 악영향도 비슷하다.

2007년 임페리얼 칼리지의 비벳 글로버는 임산부가 스트레스를 받으면 흡연할 때와 마찬가지로 아기에게 나쁜 영향을 준다고 보고하고, 2009년에 이에 대한 메커니즘을 명확히 밝혀냈다.

이에 따르면 임산부의 불안감은 그대로 태아에 전해진다. 스트레스 호르몬이라 불리는 코티솔이 자궁 내부로 들어가는 것을 막는 효소가 태반에 있긴 하지만 이 효소의 작용이 저하된다. 그래서 스트레스를 받은 임산부가 방출한 코티솔이 태반을 통과하여 태아에게 전달되고, 어지게 되는 것이다.

이제까지 우리는 인간이 태어났을 때 보이는 명확한 특징은 모두 유전으로 정해진다고만 여겨 왔다. 그러나 실제로는, 태어났을 때의 명확한 특징이란 유전과 환경이 복잡하게 상호 작용한 결과물임을 알 수 있다.

영국에서 1,000명 이상의 임산부를 대상으로 임신 기간 중의 심리 상태, 그리고 출산한 지 15년 후 아이의 행동을 조사했다. 그 결과, 임신 중에 심각한 스트레스나 우울증을 경험한 여성이 낳은 아기의 15퍼센트는, 평범한 수준의 스트레스를 받은 임산부가 낳은 아기에 비해 ADHD(주의력결핍과다활동장애), 불안, 감정 제어 곤란 등의 문제 발생률이 2배나 높았다.

따라서 임신 사실을 알게 되면 여성은 생활 태도에 세심한 주의를 기울여야 한다. 위험성이 높은 약물은 피하고, 감염증과 심한 스트레스도 피해야 한다. 부부 싸움, 친구나 지인과의 문제도 줄이는 것이 건강한 아기를 낳는 첫걸음이다.

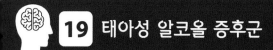

19 태아성 알코올 증후군

임신 중에 대량의 술을 마신 여성이 출산한 아기에게 지능이나 발육 장애가 발생하는 일이 있다. 예를 들어 알코올 사용 장애를 앓는 여성이 낳은 아기 중 40퍼센트에 달하는 아기가 뇌 구조와 행동에 명확한 이상을 보인다. 이것이 태아 알코올 증후군이다.

태아 알코올 증후군 아기는 일본에서는 1만 명 중 1명, 미국에서는 1,000명 중 1명꼴로 태어난다.

도쿄대학교 의과 치과 대학과 독일 훔볼트대학교의 공동 팀은 태아 알코올 증후군의 원인이 태아 뇌의 신경세포가 대량으로 죽은 것이라고 보고했다.

공동 팀은 인간의 임신 후기에 해당하는 생후 7주의 새끼 쥐를 활용했다. 이 쥐에게 알코올을 피하 주사한 경우와 그렇지 않은 경우를 통해 뇌 신경세포가 죽는 수를 조사했다.

발달하면서 세포자멸사 과정을 거쳐 일정 수의 신경세포가 죽는데, 알코올을 주사한 새끼 쥐는 알코올을 주사하지 않은 새끼 쥐에 비해 죽은 신경세포의 수가 15배 이상으로 펄쩍 뛰었다! 이는 인간의 임신 후기에 알코올을 섭취했을 때 생기는 악영향을 시사하는 새로운 증거라고 할 수 있다.

물론 인간의 뇌 발달은 임신 초기가 가장 중요하다고 앞서 언급했다. 특히 임신 초기에 술을 많이 마시는 것은 태아의 뇌에 심각한 영향을 준다.

음주를 하는 연령은 계속 낮아지고 있고, 술을 즐기는 여성들이 늘어남으로써 일본에서도 태아 알코올 증후군을 가진 아기가 많이 태어나고 있다.

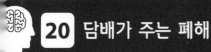
임신 중인 여성이 담배를 피우면 태어나는 아기에게 확실히 그 악영향이 미친다. 피우는 담배 개비 수가 늘어날수록 아기의 몸은 가벼워지고 덩치가 작아지는 경향을 보인다.

2001년 10월 일본 후생노동성의 「영유아 신체 발달 조사 보고서」에 따르면, 담배를 피우지 않는 어머니에게서 태어난 아기는 체중이 평균 3,100그램, 키는 평균 493밀리미터였다. 이에 비해 하루 한 개비 이상의 담배를 피

운 어머니에게서 태어난 아기는 체중이 2,790그램, 키는 484밀리미터로 상대적으로 작았다.

후에 언급하겠지만, 담배가 흡연자 자신의 뇌에 끼치는 악영향은 확실히 인정되고 있다. 한편 태아의 뇌에 가해지는 직접적인 영향은 밝혀지지 않았지만, 신체 발육에 이렇게나 차이가 나는 이상 어떠한 악영향을 준다는 점만큼은 부정할 수가 없다.

그러나 이 보고서에 따르면 여전히 일본에서는 담배를 피우는 어머니들이 증가하고 있다. 1990년 조사에서 담배를 피우는 어머니는 5.6퍼센트였지만, 2000년에는 그 비율이 10퍼센트까지 증가했다.

게다가 법률로 흡연이 금지되어 있는 15~19세 어머니의 흡연율은 34.2퍼센트로, 연령대로 따졌을 때 최고 수준이었다.

아기가 건강히 태어나길 바란다면 임산부는 반드시 금연해야 한다.

제4장

뇌가 자라다

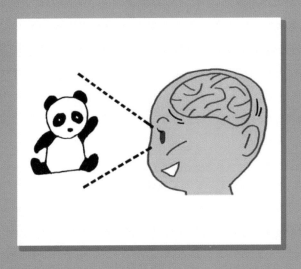

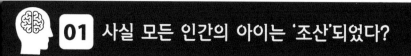

수정 후 평균 266일이 지나면 태아는 출산길을 지나 이 세상에 나온다. 그러나 스스로 걷지도 못할뿐더러 일어날 수도 없다. 그저 어머니에게 안겨 몸을 덥히고, 모유나 우유를 먹고 살아갈 수밖에 없다.

소나 말 같은 초식동물은 태어난 지 얼마 되지 않아 금방 일어서서 걸을 수 있다. 그에 비해 인간 어린이는 서서 걸으려면 생후 1년은 지나야 한다. 즉, 인간 어린이는 다른 포유류에 비해 약 1년이나 빨리 태어났다고 볼 수 있다.

인간 아이가 조산되는 이유는, 인간이 약 500만 년 전에 원숭이에서 갈라져 나와 대뇌겉질이 급격하게 확대되어 머리가 커졌기 때문이다. 머리가 일정 수준 이상으로 성숙해지면 좁은 출산길을 통과할 수 없으니, 인간 어린이는 생물학적으로는 미숙한 상태로 뇌가 충분히 발달하지 않은 채 태어날 수밖에 없다.

그러나 신생아는 급격하게 성장한다. 생후 18개월 정도만 되면 대부분의 아이가 걷고 말하며 스스로 음식을 입에 넣을 능력까지 갖춘다.

이 시기는 근육과 중추신경이 성장하여 양쪽이 서로 협조하기 시작하는 때이기도 하다. 이 점은 신생아 시기에 330그램에 불과했던 뇌의 무게가 2세 어린이가 됐을 때 그 3배인 940그램까지 급증하는 것만 봐도 알 수 있다.

인간의 뇌 발달 정도를 확인할 수 있는 간단한 방법 중 하나는 뇌의 무게를 관찰하는 것이다. NIH(미국국립보건원)의 아나톨 데커번과 도리스 사도스키는 연령이 서로 다른 남녀 4,736명의 뇌를 조사하여 인간이 평생에 걸쳐 뇌 무게가 어떻게 변화하는지 조사했다.[15]

이에 따르면 뇌 무게는 출생 후 첫 5년간은 급격하게, 그 후는 천천히 증가하다가 18~30세에 정점에 이른다. 탄생부터 첫 2년 동안은 신생아의 뇌

자료 1　인간 뇌 무게의 변화

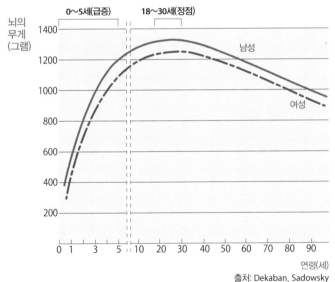

출처: Dekaban, Sadowsky

───────

15　죽은 사람들 중 병변이 없는 뇌만 선별해 그 무게를 직접 재어 조사했다.

무게가 단번에 약 3배나 증가하여 뇌의 대폭발 시기라고 해도 좋을 정도다. 그 이후부터는 성인이 될 때까지 천천히 증가한다.

그리고 성인이 된 이후부터 뇌 무게는 조금씩 감소한다. 이를 단순히 계산하면, 성인은 하루에 평균 약 10만 개의 신경세포가 죽는다고 할 수 있다.

물론 이건 어디까지나 평균치로, 뇌를 쓰지 않으면 사멸하는 수는 더욱 늘어날 것이고 사용하면 사멸하는 수가 줄어든다. 따라서 감소하는 정도 개인차가 클 것이다.

남녀의 뇌 무게는 탄생 때부터 차이가 있다. 신생아 여아의 뇌 무게는 약 283그램이지만, 남아는 약 330그램이다. 남아의 뇌가 여아보다 47그램 더 무겁다.

또한 성인 여성의 뇌 무게는 약 1,240그램, 성인 남성은 약 1,340그램이다. 남성의 뇌는 여성보다 약 100그램 더 무겁다. 평균적으로 남성의 뇌는 여성보다 10퍼센트 더 무겁다고 볼 수 있다.

아기가 만 6세까지 유아로 성장하는 과정을 살펴보자. 아기는 거의 움직일 수가 없다. 근육량이 부족하기도 하지만, 뇌 발달이 아직 숨뇌와 다리뇌 등 뇌줄기 부분에 한정하여 이루어졌기 때문이다.

아기의 뇌줄기는 충분히 발달해 있어서 공복이나 피로 혹은 불쾌감 등을 느끼면 바로 울고, 어머니의 유방이 가까이 있을 때 빠는 등 생존에 필요한 본능적인 움직임은 가능하다.

생후 4~6주에는 근육량이 증가하면서 목이 고정된다.

생후 3개월에는 주변에 있는 것을 보고 들을 수 있고, 접촉한 것을 느낄 수 있게 된다. 이 시기의 뇌에서는 시각, 청각, 촉각을 관장하거나 이와 관련된 영역에서 대사가 매우 활발히 이루어진다. 뇌만 봐도 시각, 청각, 촉각이 발달하고 있음을 알 수 있다.

생후 4~7개월이 되면 근육이 더 붙어서 여러 가지 동작을 취할 수 있게 된다. 예를 들어 엎드린 상태에서 무릎으로 바닥을 밀어 엉덩이를 들어 올리기, 두 팔로 바닥을 밀어 어깨를 들기, 뒤집기 등이 있다.

특정한 동작을 취하려면 뇌가 신경종말(nerve ending)과 근육에 정보를 보낼 수 있을 뿐만 아니라 근육이 이 정보에 적절히 응답할 수 있어야 한다. 우리는 평소에 별생각 없이 몸을 움직이고 있지만 살펴보면 결코 쉬운 일이 아니다. 뇌와 근육이 긴밀하게 협조해야 가능한 일이며, 이를 위해서는 신경세포들끼리 서로 시냅스를 만들고 뇌 회로를 형성하지 않으면 안 된다.

뒤집기에는 동작을 시작하는 운동영역과 운동 관련 신경을 제어하는 소뇌가 관련되어 있어서, 이 시기에는 운동영역과 소뇌가 상당히 발달해 있음을 알 수 있다.

그리고 생후 9~10개월이 넘으면, 신경 발달이 중간뇌에까지 이르러 드디어 기거나 앉을 수 있게 된다. 앉는 동작을 하기 위해서는 목과 등 근육이 강해져야 하고, 균형 감각이 발달해야 한다.

자료 2 인간 어린이의 성장 과정

탄생 직후~
3개월

보호자에 완전히 의존하는 상태. 4~6주가 지나면 목을 고정할 수 있게 된다. 외부 자극에 반사적인 움직임밖에 취할 수 없다.

생후 4~
7개월

엎드린 상태에서 엉덩이를 들어 올린다. 몸을 뒤집는다. 운동영역과 소뇌가 발달한다.

생후 9~
10개월

기거나 앉을 수 있다. (덕분에 새로운 시각 정보들이 뇌에 입력된다.) 중간뇌가 발달하기 시작한다.

생후 11개월

누군가의 도움을 받거나 가구 등을 붙잡고 일어설 수 있다. 이 단계에서 걸으려 하면 넘어진다.

생후 12개월

한 발을 다른 발 앞으로 내밀어 걸을 수 있게 된다. 오른발과 왼발은 서로 보조를 맞추어 움직이지만, 넘어지지 않고 걸으려면 어른의 도움이 필요하다.

생후 14~
16개월

누군가의 도움 없이도 아장아장 걸을 수 있다. 참고로 걷기를 시작하는 시기는 아이에 따라 조금씩 다르다.

생후 17~
36개월

뛴다. 공을 찰 수 있다. 리듬에 맞춰 춤도 춘다.

04 몸의 움직임이 뇌도 발달시킨다

기거나 앉을 수 있게 됨으로써 유아는 그때까지와는 다른 눈높이로 주변을 둘러볼 수 있다. 지금까지 경험하지 못했던 새로운 시각 정보가 뇌로 들어오는 것.

이처럼 유아는 새로운 동작을 배울 때마다 눈을 통해 들어오는 정보가 늘어나고, 이것이 뇌를 강하게 자극함으로써 시냅스가 꾸준히 만들어진다. 이 자극이 반복되면 유아의 뇌 안에서 일시적으로 형성된 시냅스가 한층 더 강화 및 고정되어 영구적인 뇌 회로가 된다.

생후 11개월이 되면 누군가의 도움을 받아 혹은 가구 모서리를 붙잡고 일어설 수 있다. 그러나 이 단계의 유아는 걸으려 하면 금세 넘어지고 만다. 걸으려면 몸을 세운 채로 유지해야 하고 이를 위해선 균형을 잘 잡아야 하는데 이것이 아직 어렵기 때문이다.

생후 12개월이 되면 한 발을 다른 발 앞으로 내밀어 걸을 수 있다. 한 발을 다른 발 앞으로 내밀어 걸을 수 있게 된다. 오른발과 왼발은 서로 보조를 맞추어 움직이지만, 넘어지지 않고 걸으려면 어른의 도움이 필요하다.

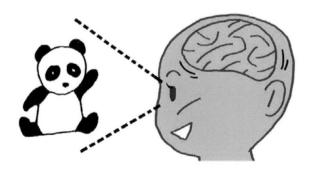

그리고 생후 14~16개월이 되면 누구의 도움도 받지 않고 아장아장 잘 걷는다.

물론 보행을 처음 시작하는 시기는 아이에 따라 다르다. 어떤 아이는 12개월에 뛰어다닐 수도 있지만, 2살 때까지 걷지 못하는 아이도 있다. 어쨌든 걷기가 가능해지는 시기는, 근육과 중추신경계통(뇌와 척수)이 성장하여 양쪽이 서로 협조하기 시작하는 시기이기도 하다.

생후 17~36개월의 유아는 뛰고 공도 찰 수 있으며 리듬에 맞춰 춤도 출 줄 알게 된다. 그때부터 유아는 호기심에 사로잡혀 뭐든 보고 만지면서 경험을 쌓아 성장해 나간다.

05 새로운 시냅스의 형성

아기는 매일 생활하면서 저도 모르게 여러 가지를 익히고 시냅스를 만들어 회로를 형성한다. 이러한 모습을 다음의 자료 3으로 표현할 수 있다.

출생 직후에는 대뇌겉질에서 시냅스 형성이 별로 진행되지 않는다. 하지만 곧 기고, 앉고, 단어를 기억하고 말하고, 일어서고 걷는 등의 작용을 하는 시냅스와 이에 따른 뇌 회로가 생긴다.

새로운 시냅스가 형성되는 모습은 아기의 발육 과정과 매우 비슷하다.

아기에게 새로운 것을 보여주면 처음에는 가만히 관찰만 할 뿐이지만, 곧 손을 뻗어 그걸 만지려 한다. 그러나 손과 손가락의 근육이 아직 충분히

자료 3 뇌 회로의 형성 과정

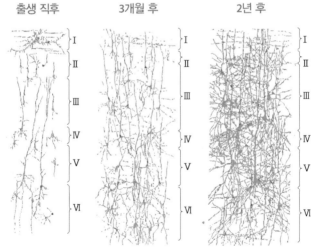

출처: J. L. Conel

발달하지 않아서 뭔가를 쥐는 행동은 그리 쉽지 않다. 그래도 몇 번 시도하면서 요령을 익힌다. 그리고 결국 손으로 물체를 쥘 수 있게 된다.

신경세포의 시냅스 형성도 마찬가지다. 우선 축삭이나 가지돌기가 뻗치고, 그 끝에서 가시나 실 같은 다리가 나온다. 이 다리가 인접하는 신경세포에서 방출된 성장인자(104쪽 참고)에 의해 더 쭉 뻗어 나가 2개의 신경세포가 가까이 접근하게 되고, 그 둘 사이에 시냅스가 형성된다.

06 반복은 뇌 회로를 형성하고 강화한다

운동회에서 달리기 경기에 나가게 되었다. 출발 지점에서 "차려!" 하는 소리에 맞춰 출발 자세를 취하기만 했는데도 심장이 쿵쿵 뛴다. 이런 경험은 다들 해 봤을 것이다.

원래 출발 자세와 심장 박동은 아무런 관계도 없다. 그러나 "차려!" 소리를 듣고 출발 자세를 취한 후 달리기를 몇 번이나 반복하다 보니, 출발 자세와 심장 박동을 관장하는 뇌 영역 사이에 새로운 연락이 오가고 시냅스가 만들어졌다. 그리하여 "차려!" 소리를 듣기만 해도 심박수가 올라가며 가슴이 요동치게 된 것이다.

이처럼 원래는 아무런 상관이 없는 자극과 반응 사이에 연결고리가 생긴 것을 조건 반사라고 한다. 조건 반사가 생겼다는 것은 뇌에 그에 상응하는 새로운 뇌 회로가 생겼음을 의미한다.

우리가 문제의 해결책을 생각할 때 뇌의 다양한 회로 속을 신호가 오간다. 이것에서 시행착오를 거듭하는 사이에 결국 해답을 찾아낸다. 신경세포와 그 표적이 되는 신경세포 사이에 시냅스가 확실하게 생성되기 때문이다.

'아하, 알았다!' 하는 쾌감을 얻을 수 있는 것도 바로 이때다. 우리가 경험이나 공부를 통해 학습을 하는 목적은, 뇌에 새로운 시냅스를 형성하는 데있다.

또한 같은 행동을 반복하면 시냅스가 강화된다. 따라서 새롭게 생긴 시냅스를 강화하려면 꼭 반복해야 한다. 공부를 하면 할수록 뇌에 새로운 시냅스가 생기고 또 강화되므로 뇌 활동 수준이 크게 높아진다.

07 지방이 신경세포를 감싸 뇌가 발달한다

3살 유아는 사실 성인과 거의 동일한 개수의 신경세포를 가지고 있다. 그럼에도 불구하고 성인과 같은 행동을 취하지 못하는 이유는 신경이 아직 충분히 발달하지 못했기 때문이다.

'신경이 아직 충분히 발달하지 못했다'라는 것은 구체적으로 다음의 두 가지를 가리킨다.

첫 번째는 축삭(케이블)이나 가지돌기가 아직 충분히 뻗어 있지 못해서, 인접한 신경세포의 축삭 및 가지돌기와 시냅스를 제대로 형성하지 못한다

는 점이다. 특정한 행동을 취할 수 있는 건 신경세포와 신경세포 사이에 시냅스가 풍부하게 형성된 결과다.

두 번째는 축삭이 지방 성분의 말이집에 잘 싸여 있지 않은 상태라는 점이다. 즉 말이집형성이 진행되지 않았다.

뇌가 기능하려면 뇌 내부를 신호가 빠르게 지나다녀야 하므로 신호 전달 속도가 뇌의 성능을 정하는 중요한 요인이라 할 수 있다.

축삭이 말이집으로 잘 싸이면, 싸이지 않은 축삭에 비해 약 100배의 속도로 정보 전달이 가능하다. 시냅스가 생긴 이후 뇌 발달의 열쇠는 축삭이 말이집으로 싸여야 한다는 것이다.

아기의 뇌에서 말이집형성이 진행되는 과정을 보면, 뇌 하부의 뇌줄기에서 시작하여 중간뇌, 둘레계통, 대뇌겉질로 서서히 올라가면서 진행된다.

3살 즈음에는 몸의 균형을 잡고, 걷고, 이야기하는 등 인간의 기본 동작에 관련된 신경세포들의 말이집형성이 완료된다. 아기가 동작을 반복함으로써 뇌와 근육을 잇는 신경세포 사이에 시냅스가 만들어지고 강화된다.

이렇게 하여 유아는 발달 단계를 따라 경험을 통해 꾸준히 학습하고, 6세 즈음에는 기본적인 동작을 전부 할 수 있게 된다.

08 뇌는 20살이 넘어서까지 발달한다

한때 뇌과학에서는 신경세포의 폭발적인 증식과 시냅스의 대규모 형성이 아기 때까지만 이루어진다고 생각했다. 뇌는 2~3살에 성숙을 완료하고, 그 이후부터는 이 뇌를 평생 가지고 가야 하는 것으로 여겨진 것.

그러나 캘리포니아대학교 샌디에이고(UCSD)와 프린스턴대학교 등에서 연구하는 여러 과학자들의 활약 덕분에 이 생각이 잘못되었음이 확인되었다. 10살에서 12살까지 2년에 걸쳐 이마엽이 폭발적으로 성장한다는 사실이 밝혀졌기 때문이다. 이마엽은 사고, 판단, 감정의 자기 제어, 충동 제어, 계획과 같은 고도의 기능을 다루는 부위다.

이마 부근에 있는 이마엽의 폭발적인 체적 증가는 확실히 알아볼 수 있을 정도다. 뇌에서 새로운 신경세포가 탄생하고 급속히 갈라져 나와 새로운 시냅스를 만들고 있는 것이다.

12살에서 17살, 이른바 사춘기에는 이마엽만이 아니라 다른 영역에서도 뇌의 건축이 꾸준히 진행된다. 언어나 감정을 제어하는 관자엽에서는 16살이 될 때까지 신경세포가 증가한 후에 시냅스를 솎아내어 뇌 회로를 효율적으로 구성한다.

머리 꼭대기에 있는 마루엽은 공간 정보를 처리할 뿐만 아니라 청각 정보를 처리하는 관자엽과 시각 정보를 처리하는 뒤통수엽에서 오는 정보를 정리한다. 그래서 마루엽은 10대 후반이 되고 나서 완성된다.

20대가 되어도 뇌의 발달은 약해지기는커녕 유소년기와 마찬가지로 신경세포의 급속한 발달이 계속된다. 사용되지 않는 시냅스는 점점 소멸되고, 자주 사용되는 회로만이 살아남는다. 그래서 회로의 효율이 현격히 높아진다.

최근 10년간 여러 뇌 연구를 통해 깜짝 놀랄 정도의 사실이 몇 가지나 발견되어서 이제 뇌에 대한 이해가 근본적으로 달라졌다. 실제로 시냅스나 가지돌기는 25세가 될 때까지 성인의 것과 그 수가 동일하지 않다. 즉, 뇌는 생후 25년 동안이나 성숙해지지 않는다는 뜻이다.

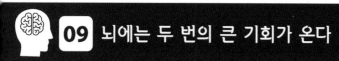
09 뇌에는 두 번의 큰 기회가 온다

사춘기나 청년기에 이루어지는 시냅스 형성과 솎아내기가 태아나 아동 때와 비슷한 수준으로 대규모로 이루어진다는 사실은, 우리에게 있어 인생에 두 번의 기회가 찾아온다는 것을 뜻한다.

첫 번째 기회는 10살까지 주어진다. 피아노나 바이올린을 배우거나 야구공을 치고 던지고, 공을 차는 연습을 거듭함으로써 눈과 손발의 협조를 몸에 익힌다.

또한 논리적으로 생각하거나 공간적인 배치를 이해하는 습관을 익히는 것도 좋다. 성실하게 반복하여 연습하면 이러한 능력과 관련한 회로는 활발해지고 영속적인 것이 된다.

그러나 설령 아이가 10살이 될 때까지 이런 능력들을 획득하지 못했다고 해도 실망할 필요는 없다. 두 번째 기회가 찾아오기 때문이다. 다음 15년 동안 뇌에 인지나 다른 능력을 발달시키기 위한 회로를 구축하면 된다.

10 뇌를 발달시키는 네 가지 요인

인간의 뇌를 발달시키는 데 중요한 요인이 네 가지 있다.

첫 번째 요인은 유전자의 명령에 따라 신경세포를 만드는 단백질로, 이건 어느 정도 운명이 정해져 있다. 물론 유전자가 신경세포 발달 과정의 모든 것을 결정하는 것은 아니다.

두 번째 요인은 신경세포가 주변 환경에서 받는 자극에 따라 축삭이나 가지돌기가 뻗어 나가 이것이 인접한 신경세포의 축삭 및 가지돌기와 시냅스를 형성하는 것이다. 시냅스 형성에는 환경에서 오는 자극이 큰 역할을

맡고 있다.

세 번째 요인은 형성된 시냅스에 자극이 반복됨으로써 시냅스가 더욱 강화되어 영구화하는 것이다. 구구단, 노래, 영어단어 등을 암기하기 위해 기억하고 싶은 문구를 반복하면 뇌에서 시냅스 형성과 강화가 이루어진다.

네 번째 요인은 '사용하지 않으면 퇴화하는 원리'다. 사용되는 신경세포는 살아남고 자극이 반복되면 시냅스는 점점 강해지지만, 사용되지 않는 시냅스는 탈락하여 곧 신경세포도 죽어버린다.

돈은 쓰면 쓸수록 줄어들지만, 뇌는 쓰면 쓸수록 좋아진다. 뇌든 몸이든 이용하면 능력은 더욱 높아지고, 반대로 안 쓰는 능력은 저하되어 결국에는 사라지고 만다. 이것을 폐용위축(廢用萎縮)이라고 한다.

11 뇌는 환경과 상호작용하면서 자란다

아기의 뇌에는 3,000조 개나 되는 시냅스가 있지만, 모든 시냅스가 다 살아남는 건 아니다.

예를 들어 인간 태아의 시각 영역에 있는 시냅스는 생후 2개월부터 급격히 증가하여 생후 8개월이 되면 최대한에 이르고, 그 이후 5살까지 서서히 감소하여 이후 일정해진다.

이마엽의 시냅스도 태어난 직후에 급격하게 증가하여 5~6살에 가장 많으며, 8살 정도부터 감소하기 시작해서 20살 즈음에 일정해진다. 이처럼 인간 뇌는 처음에 시냅스를 많이 만들고 그 후에 줄여 나가는 '시냅스 과형성과 솎아내기' 과정을 거쳐 수를 조정한다.

자료 4 인간 대뇌겉질에서의 시냅스 밀도 변화

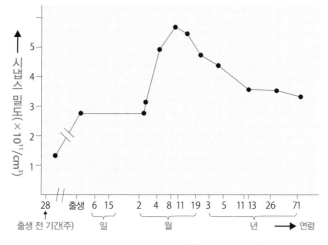

출처: P. R. Huttenlocher et al., 1982.

이는 태아 단계에서 일어나는 신경세포의 세포자멸사와 비슷하다. 미리 많은 시냅스를 만들어 놓고 불필요한 부분을 나중에 줄이는 과정은 인간 뇌를 형성하는 기본 전략이라고 할 수 있다.

성장 과정에서 반복하여 사용되는 시냅스만 살아남아 고정되고, 사용되지 않은 시냅스는 사라진다. 어린 시절에 만들어진 시냅스는 성인이 됐을 때 절반 정도만 남아 있다.

이처럼 인간 뇌는 환경과 캐치볼을 하듯이 서로 영향을 주고받으면서 자란다. 어린이의 건전한 발육에 부모님과 형제자매, 친구나 학교 선생님, 책, 놀이 같은 주변 환경이 중요하다는 것은 이 때문이다.

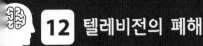
인간은 환경의 자극을 받음으로써 시냅스와 뇌 회로를 만들고, 그걸 종합하여 자신의 사고를 정리하고 언어나 행동으로 환경에 내보낸다.

그럼 부모가 친구와 대화하느라 정신이 없어서 아이에게 텔레비전만 보게 한다면 어떻게 될까? 얌전히 텔레비전만 보는 아이는 부모 입장에서는 수고스럽지 않은 '착한 아이'겠지만, 뇌 발달 측면에서는 중대한 손실을 일으키는 중이다.

자폐증을 앓는 아이는 주변에 관심을 주지 않고, 또래 아이는 물론이고 부모가 불러도 거의 반응하지 않는다. 언어 발달도 늦다. 언어를 배워도 그걸 활용해서 주변과 의사소통을 할 수 없다. 자폐증으로 진단받은 아이는 40년 전만 해도 2,500~5,000명 중에 1명꼴이었지만, 최근에는 약 200명 중 1명이라는 비율로 급증했다고 한다.

자폐증은 선천성으로 추정되고 있다. 그런데 자폐증도 아닌데 자폐증의 특징을 가진 어린이가 있다. 그 원인 중 하나가 텔레비전에만 빠져 사는 생

활을 하면서 부모와의 정서적 연결이 부족한 것이라고 한다.

가와사키 의과대학교 소아과의 가타오카 나오키는 이런 부모와 자녀에게 텔레비전을 없애고 함께 놀도록 지도하면, 그때까지 폐쇄적이었던 아이가 마치 딴 사람이라도 된 것처럼 표정이 풍부해진다고 보고한다. 거꾸로 말하면, 텔레비전을 오래 본 어린이는 좀처럼 말을 하지 않게 되는 것이다.

텔레비전은 영상과 소리를 이용해 우리와 눈과 귀를 통해 뇌 깊은 곳까지 정보를 전달한다. 이 정보는 일회성이고 일방적인 것으로, 보는 사람은 특별히 뭔가를 할 필요도 없이 그저 화면을 향해 시선만 두면 된다. 스스로 사고하려 들면 내용을 이해할 수 없게 되므로 생각은 금물이다.

따라서 텔레비전을 보고 있을 때는 뇌 시냅스의 능동적인 활동이 정지된 상태다. 이러한 생활을 어린이가 매일 장시간 지속하면 스스로 아무 생각도 할 수 없게 된다. 사고하는 것 자체를 싫어하게 되어 적극적으로 대화하려 하지도 않는다. 따라서 텔레비전은 보지 않는 편이 좋다.

13 모든 배움에는 때가 있다고 하는 이유

학습에는 적절한 시기가 있다. 예를 들어 시각은 출생 후 10년 정도의 시간에 걸쳐 서서히 완성되는데, 특히 3살까지의 시각 자극이 결정적이다.

예를 들어, 태어나면서부터 눈의 각막이 탁한 선천성 각막 혼탁을 앓는 어린이는 밝고 어두운 상태는 알아도 형태나 색을 판별하지는 못한다. 이 아이가 3살이 되기 전에 정상적인 각막을 이식하면 정상적으로 앞이 보이게 된다. 그런데 그 이후에 시간이 흘러 수술하면, 보이긴 하지만 세부적인 것을 구분하는 능력은 불충분한 채로 평생을 가게 될 때가 많다. 3살까지가 시력의 결정적 시기인 것이다.

이런 사실은 환경 인자가 생물에게 큰 영향을 주는 시기가 따로 있음을 말해준다. 이 시기를 '결정적 시기'라고 한다. 결정적 시기와 그렇지 않은 시기를 비교하면, 뇌에 남는 첫 기억이 완전히 동일하더라도 그 영향의 정도는 차이가 크다. 성인이 되어 외국어 습득이 어려워지는 이유도 바로 결정적 시기가 지났기 때문이다.

사실 교육 시스템도 이런 결정적 시기를 고려해서 수립되어 있다. 유아 시기부터 학교와 가정에서 적절한 교육을 하면 뇌의 신경세포가 발달하고 시냅스가 형성된다. 그리고 축삭이라는 케이블이 말이집에 싸임으로써 정보 전달 속도가 빨라진다.

이렇게 뇌가 효율적으로 작용하게 되어 완성에 가까워지면, 추상적이고 고도의 정신작용이 필요한 내용도 이해할 수 있게 된다. 이것이 10대 말에 이루어지는 일이다.

그래서 이 나이 즈음에 대학에 진학하여 더욱 높은 수준의 학문이나 이론을 배우는 것이다.

14 늑대가 키운 소녀

결정적 시기의 중요성을 설명하는 가장 좋은 예가 바로 늑대 소녀 카말라의 일화가 아닐까?

1920년, 인도 뱅갈에서 늑대 소녀가 발견됐다. 추정 연령은 약 8세. 태어난 지 얼마 되지 않아 늑대에게 끌려가 7년 동안 늑대 새끼들과 같이 자란 것으로 추측되었다.

그녀는 늑대 젖을 먹고 동굴 속에서 네 발로 걸었다. 어둠 속에서도 앞이 잘 보였다. 후각이 매우 예민해서 필요할 때는 언제든 어미 늑대 곁으로 이동할 수 있었다.

손은 물건을 쥐기보다는 짐승의 발 역할을 했다. 뭔가를 집을 때는 손이 아니라 입을 썼다. 머리로 물건을 밀었다. 물을 마실 때는 개처럼 핥아 마셨다.

날고기나 썩은 고기를 즐겨 먹었고, 어둠을 두려워하기는커녕 오히려 암흑 속에서 더 잘 봤다. 체온 조절 능력도 좋았고, 더우나 추위도 그렇게 힘들어하지 않았다. 낮에는 동굴 속에서 잤으며, 밤이 되면 활동했다. 밤 10시, 새벽 1시, 3시에는 크게 우짖었다. 늑대가 우는 시간이다.

그녀는 인간으로 태어났으나 결정적 시기에 늑대에게 키워진 결과, 늑대의 생활과 '문화'에 적응한 뇌를 갖추게 되었다.

그리고 8살에 키워 준 늑대의 곁을 떠나게 되었다. 그녀는 카말라라는 이름을 받고 고아원에서 다시금 인간으로서의 삶을 살아가게 됐다.

고아원에서 지내게 된 그녀의 하루 일과는 기상 후에 아침 예배, 목욕과 마사지, 세 끼 식사, 수업, 놀이, 취침이었다. 특히 양부모가 된 싱 목사의 아내는 인간으로서 정상적으로 발달하지 못한 카말라의 팔, 손, 손가락, 발 등을 매일 아침 4시간에 걸쳐 열심히 마사지해 주었다.

얼마 안 가 카말라는 인간으로서의 뇌를 키우면서 이 다정한 양어머니를 잘 따르게 됐고, 신뢰와 애정이 싹텄다. 싱 부부의 말을 순순히 잘 듣고, 같은 고아원 친구들과 교류하기 시작했다. 점차 말도 배우고 노래하고 옷도 입을 줄 알게 됐다. 또한 어둠과 개를 무서워하게 됐다. 그리고 15살이 될 무렵에는 고아원의 다른 아이들을 돌보는 데까지 성장했다.

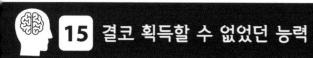

카말라는 늑대 세계에서는 그에 순응해서 훌륭하게 성장했다. 카말라의 뇌에 있는 회로가 늑대 세계에 적합한 것으로 변했기 때문이다. 그리고 8세에 인간 사회로 다시 돌아와 인간으로 살게 되면서 거기에 적절한 회로로 다시 바뀌었다.

카말라의 뇌는 환경에 맞춰 회로를 변화시키고, 운명 속에서도 가장 적절한 생활 방식을 모색했다. 인간의 뇌가 얼마나 유연한지 감탄하게 되는 일화가 아닐 수 없다.

그러나 카말라는 8살에 발견되어 17살에 사망할 때까지 2살 유아처럼 비틀비틀 걷고 말도 충분히 구사하지 못했다고 한다.

태어난 후 수년. 인간의 근본적인 능력을 형성하는 결정적 시기다. 이 기간에 획득한 능력이 그의 평생에 영향을 끼친다는 사실을 알 수 있다.

카말라는 결정적 시기를 늑대와 함께 보내는 극한 상황에 있었고 인간으로서의 자극을 받을 수가 없었다. 고아원에서 사랑과 보호를 받아 잃어버렸던 세월을 다소 회복하긴 했지만, 평범한 유아가 겪는 폭발적인 지능 발달은 결코 이루어지지 않았다.[16]

---

16 다만 카말라의 이야기는 현재 진위 여부가 의심되고 있다. 일부 학자들은 카말라를 기록한 시기가 카말라를 보호한 시기와 일치하지 않는 점과 학대 정황을 지적했고, 카말라가 유전병인 레트 증후군(의사소통 기능 상실과 보행 장애 등의 증상을 보인다)을 앓았다고 보고 있다.

16 아이에게 가능한 많은 기회를 줘야

이렇게 보면 결정적 시기에 어떤 정보를 줄지, 어떤 경험을 시킬지가 어린이의 뇌를 키우는 데 중요한 것이라 할 수 있겠다.

'어린이에게는 무한한 가능성이 있고 노력 여하에 따라 무엇이든 할 수 있게 된다'라는 말은 그저 신화에 불과하다. 다만 확실한 건 어느 아이든 자신만의 어떤 재능을 가지고 태어난다는 점이다.

그리고 부모라면 자기 자식이 가지고 태어난 재능을 충분히 발휘하고 더욱 좋은 삶을 살아가길 바랄 것이다.

그렇다면 우선 아이에게 되도록 많은 경험을 할 수 있는 기회를 부여해야 한다. 그렇게 하여 아이의 관심과 재능을 발견할 가능성을 높인다. 그리고 아이의 관심과 재능을 발견했다면 부모는 아이가 자신의 재능을 키울 수 있도록 도와야 한다.

17 조기 교육은 아이에게 득일까 독일까

결정적 시기에 아이를 어떤 경험에 노출시킬 때 꼭 주의해야 할 점이 있다. 자기 자식의 장래를 염려해 아주 어릴 때부터 조기 교육을 시키는 부모가 있다. 피아노나 수영 등의 예체능을 시키는 경우도 있고, 초등학교나 중학교에서 배우는 교과목의 내용을 초등학교 입학 전에 가르치는 경우도 있다.

신문을 보는 6살 아이나 고전을 원문으로 읽는 초등학교 2학년 아이 같은 대단한 아이들이 존재하긴 한다. 물론 그 아이들이 자발적으로 공부하고 싶어서 그렇게 되었다기보다는 부모가 강제한 결과다.

3살까지는 어머니가 아이를 키우지 않으면 장래에 아이에게 좋지 않은 영향을 준다는 '3살 신화', 그리고 '유치원에서 배우면 너무 늦다'라는 말이 조기 교육 열풍에 불을 지폈다. 많은 부모들이 자녀의 재능을 키우려면 3살까지 다 해결해야 한다는 오해를 한 듯하다.

신생아의 뇌 무게(약 300그램)는 첫 3년까지 약 3배 이상 증가하니까 이 시기에 학습하여 뇌에 자극을 주면 효과가 좋으리라 생각했던 것이다.

앞서 인간의 뇌는 시냅스를 미리 잔뜩 만들어 두고 후에 불필요한 부분을 줄이는 '시냅스 과형성과 솎아내기'의 과정을 거쳐 효율적인 뇌를 완성한다고 언급했다.

'시냅스 솎아내기'에도 어떤 자극이 필요할 것이다. 조기 교육이 주는 자극 때문에 이 자극을 얻지 못하면, 시냅스를 솎아내는 작업이 불충분하게 끝날 가능성이 있다. 지나친 조기 교육은 어린이의 뇌에 어떤 영향을 주게 될지 알 수 없으니 하지 않는 게 좋다.

18 뇌에 무엇을 얼마나 입력할 것인가

결정적 시기에 접하는 인물, 학문, 사상, 종교는 그 사람의 뇌에 지대한 영향을 준다. 상황에 따라서는 그의 사고방식까지 결정할 정도로 강렬할 수도 있다.

강렬한 개성을 가진 사람이나 이상주의자를 접하면 그 사람이나 사상에 이끌리게 된다. 그래서 잘못된 사상이나 위험한 종교가 올바르다고 믿고 심각하게 빠져들 위험이 크다. 다시 말해 세뇌당할 수 있다.

여전히 잊을 수 없는 비극이 있다. 바로 일본에서 발생한 지하철 독가스 테러 사건과 미국의 9.11 사건이다. 지하철 독가스 테러 사건은 옴진리교(현재는 '알레프'로 이름을 바꿨다) 신자들이 교주의 말을 믿고 맹독인 사린 가스를 지하철에 살포하여 무차별 대량 살인을 꾀한 사건이다.

9.11 사건 역시 동시다발적인 테러로, 이슬람교 원리주의 테러리스트가 비행기 네 대를 납치한 후 직접 조종하여 세계무역센터 빌딩과 펜타곤에 충돌한 사건이다.

인간의 괴로움을 덜어 주기 위한 종교가 인간을 단단히 옭아매어 결국 돌이킬 수 없는 범죄까지 일으켰다.

뇌에 반복적으로 입력된 자극이 이처럼 극악무도한 행위를 가능하게 하는 뇌를 형성했다. 이게 세뇌의 무서운 점이다. 읽고, 보고, 듣는 행위를 통해 뇌에 입력된 정보는 그 사람의 뇌에 시냅스를 형성하고 뇌 회로를 만들어 기억된다. 이 기억은 곧 다시 재생되어 그 사람의 말과 행동이 된다. 위험한 사상을 입력하면 뇌에 회로가 생기니 위험 행동을 저지르기 쉬워지는 것도 당연한 일이다.

나 자신과 아이들은 매일 무엇을 읽고, 보고, 듣는가? 찬찬히 생각해 볼 필요가 있다. 아이는 어른의 거울이니까.

제5장

몸을 사용하여
뇌를 단련한다

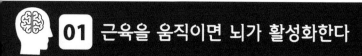

01 근육을 움직이면 뇌가 활성화한다

뇌 훈련은 '머리를 쓰면 머리가 더욱 좋아진다'라는 개념을 기초로 한다. 근육을 사용함으로써 근육이 강해지고 그 양도 증가하는 것과 마찬가지로, 뇌도 적극적으로 써서 훈련할 수 있다. 따라서 일상생활이나 업무에서 뇌를 적극적으로 쓰면 좋을 것이다.

그런데 '머리를 쓴다'라고 하면 대개 무엇인가를 깊이 생각하는 행위만으로 여기기 쉽지만 그렇지 않다. 뇌는 외부에서 오는 정보를 받아들이고 이를 종합적으로 판단하여 온몸을 제어하는 사령탑이기도 하다. 따라서 뇌에 정보를 보내는 '몸'을 단련하는 일이야말로 뇌 훈련과 이어진다.

근육은 척수에서 나온 운동 신경 정보를 받아 수축하여 뼈를 움직이는데, 수축 정밀도를 높이기 위해 척수에서 나오는 근방추라는 감각 신경 역시 근육과 이어져 있다. 근육을 움직이면 근방추의 감각 신경이 정보를 척수로 보내서 근육 신경을 정교하게 조정한다.

이것이 바로 근방추에서 보내는 정보의 본래 목적이지만, 이 정보는 여기에서 그치지 않고 척수에서 더 위에 있는 뇌로 올라가 뇌줄기, 소뇌, 대뇌겉질을 자극하여 뇌 활동을 촉진한다.

모든 근육 운동에 뇌를 활성화하는 효과가 있지만, 그 정도에는 차이가 있다. 근방추에서 뇌를 향해 보내는 정보의 세기는 근육의 굵기에 비례한다. 근육에서 가장 굵은 것은 대퇴근이므로, 걷기나 달리기 등 대퇴근을 움직이는 운동이 뇌 작용을 더욱 효율적으로 높일 수 있다.

즉, 운동하면 머리가 좋아진다.

02 걷기의 효과

걷기(빨리 걷기), 팔굽혀펴기, 스트레칭, 저작(씹는 것), 손가락 운동 등은 가볍게 할 수 있는 뇌 활성화 방법이다.

일본체육대학교의 엔다 요시히데가 보고한 걷기가 뇌에 주는 효과에 대해 소개한다. 엔다는 걷기의 효과를 다음의 세 가지로 말한다. 뇌가 어느 정도 개운함을 느끼는가(각성 효과), 정보를 받아 기억하고 이해하는 힘(정보처리기능)이 어떻게 변화하는가, 주의력·집중력·의욕 등(의도적 행위 기능)의 정도가 어떻게 변하는가다.

각성 효과는 플리커 테스트(flicker test)로 조사했다. 빛의 점멸 속도를 높

자료 1 걷기와 뇌의 각성도

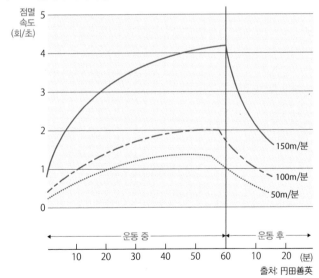

여가면서 어디까지 점멸광을 인식할 수 있는지 알아보는 테스트다.

정보처리기능은 빨간색, 파란색, 노란색의 세 가지 램프가 불규칙적으로 점멸하게 만들고 파란색 램프가 켜졌을 때만 반응해서 신호 스위치를 누르게 하여 그 속도를 조사했다.

의도적 행위 기능은 다음과 같은 테스트로 측정한다. 0에서 9까지의 숫자를 순서대로 속도를 바꿔 반복적으로 제시한다. 이때 일부 숫자의 순서를 바꾸어 표시하고 피험자가 그걸 발견하는지를 관찰한다.

그 결과, 모든 테스트에서 운동을 하자 성적이 높아졌다. 이 효과는 운동 중, 그리고 운동이 끝난 후에도 지속되었다. 플리커 테스트에서는 분속 50미터(시속 3킬로미터) 정도의 느릿한 걷기를 해도 각성도가 올라가는 것으로 나왔다.

정보처리기능도 안정 시에는 0.35초가 걸렸지만, 분속 100미터로 걸은 뒤에는 0.25초로 상향됐다. 의도적 행위 기능 역시 걷기 후에는 성적이 올라갔다.

또한 걷기에는 뇌 활동을 높이는 또 하나의 요인이 있다. 그건 바로 주변 경치가 눈에 들어온다는 점이다. 걷기 중에 경치가 자꾸 변화하니까 다양한 시각 정보가 자극으로 뇌에 입력된다. 이것 역시 대뇌겉질을 활성화한다.

그때까지 대뇌겉질의 이곳저곳에 저장됐던 정보가 이마연합영역으로 보내져 통합되어 새로운 아이디어가 창출된다. 바로 '아하, 알았다!' 하는 순간이다. 이때 뇌에 쾌감이 생긴다. 그리고 아이디어가 창출되면 목표도 생기고 의욕도 발생한다. 의욕이 생기면 기댐핵이 흥분하여 도파민이 방출되고 쾌감에 젖는다.

소크라테스나 마쓰오 바쇼[17]를 비롯하여 위대한 철학자나 시인이 걷기를 하며 깊은 사색을 한 것도 뇌과학적인 관점에서 보면 이해가 가는 부분이다. 책상에 앉아서 생각하는 것만으로 사고력을 기를 수는 없다. 생각하며 걷는 게 중요하다.

---

17 일본 에도 막부 전기의 시인. 작품의 영감을 얻기 위해 일본 전역을 떠돌았다.

모든
위대한
생각은 걷는 것
으로부터
나온다

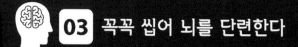

03 꼭꼭 씹어 뇌를 단련한다

저작과 손가락 운동도 뇌의 활성화에 상당한 효과가 있다. 둘 다 근방추에서 온 신호가 뇌를 활성화한다는 점은 걷기와 동일하다.

아사히대학교의 후나코시 마사야는 단단한 먹이, 즉 잘 씹어야 하는 먹이를 먹고 자란 쥐는 영리하다는 연구 결과를 보고했다. 같은 먹이를 분말 형태로 준 쥐와 고형(고체 형태)로 준 쥐를 이용해 조건 회피와 미로 테스트를 한 결과, 고형 먹이를 먹은 쥐가 모든 테스트에서 성적이 좋았다.

저작은 다른 운동에 없는 두 가지 효과가 있다. 첫 번째는 구강감각기관과 미각에 의한 뇌 흥분이다. 음식을 꼭꼭 씹으면 입안의 감각 신경과 미각 신경, 더 나아가 후각 신경까지 자극된다. 이런 폭넓은 정보가 뇌에 전해져 대뇌의 넓은 범위를 흥분시킨다. 잘 씹고 먹으면 음식의 맛을 즐길 수 있을 뿐만 아니라 뇌를 활성화까지 하는 일석이조의 효과를 얻는다.

두 번째는 기억과 학습 능력 상승이다. 콜레시스토키닌이라는 호르몬이 소화관에서 분비되어 이것이 혈액 흐름을 타고 뇌로 들어가 해마를 자극함으로써 일어나는 일이다.

예전에는 마른오징어나 전병 같은 딱딱한 식품이 많아서 다들 자기도 모르게 그런 것들을 꼭꼭 씹어 먹곤 했다. 그런데 최근에는 햄버거나 인스턴트 라면, 등 부드러운 음식이 늘어나 씹는 횟수가 현격히 줄어들고 말았다.

몸과 뇌를 위해서는 부드러운 음식만을 찾지 말고 단단한 음식을 꼭꼭 씹어 먹는 것이 좋겠다. 그리고 부드러운 음식이더라도 천천히 많이 씹으면 뇌 단련에 도움이 된다.

자료 2　씹을수록 머리가 좋아진다

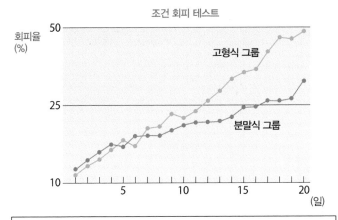

부저가 울릴 때 레버를 누르지 않으면 바닥에 전기가 흘러 충격을 받는 장치에 쥐를 넣고, 레버를 누르는 횟수를 본다. 많이 씹은 쥐가 레버와 전기 충격의 관계를 더 잘 기억하고 있다.

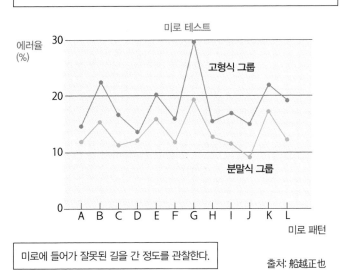

미로에 들어가 잘못된 길을 간 정도를 관찰한다.

출처: 船越正也

04 손가락을 움직여 운동영역을 자극한다

손가락을 사용해도 뇌가 활성화한다. 재봉, 공기놀이, 구슬치기, 실뜨기, 종이접기 등은 예부터 손가락을 사용한 어린이들의 놀이인데 이것들 모두 뇌를 단련하는 최고의 재료다. 피아노, 바이올린, 플루트 등의 악기 연주도 뇌 단련에 좋다.

왜 그런 효과가 있는지 알기 위해서는, 신체 각 부분의 움직임은 대뇌겉질의 운동영역이 내린 명령에 따르는 것임을 이해해야 한다.

자료 3　몸감각영역과 운동영역의 대응 부위

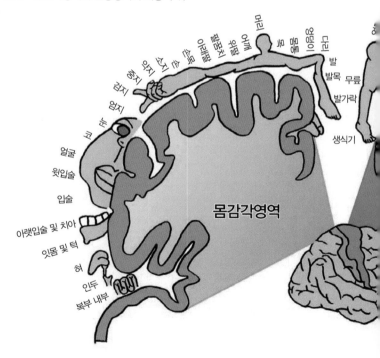

운동영역은 뇌 중심고랑의 살짝 앞쪽에 있다. 이 운동영역을 중심고랑과 평행하게 잘랐을 때 보이는 반원형의 단면을 다음과 같은 그림으로 표현했다. 여기에는 뇌 표층을 따라 왼쪽부터 시계방향으로 발가락, 무릎, 엉덩이, 몸통, 어깨, 팔, 팔꿈치, 손목, 손, 손가락, 엄지손가락, 목, 눈, 안면, 입술, 턱 같은 신체 각 부위가 그려져 있다.

예를 들어 발가락 그림이 그려져 있는 운동영역 부위에 전극을 대면 발가락이 움직이고, 무릎 그림이 있는 운동영역에 전극을 대면 무릎이 움직인다. 운동영역의 표층에는 신체 각 부분의 움직임을 제어하는 신경세포가 분포되어 있다.

손, 손가락, 얼굴이 다른 신체 부위보다 더 크게 그려져 있는 이유는 이들 부분을 제어하는 운동영역의 신경세포가 많기 때문이다.

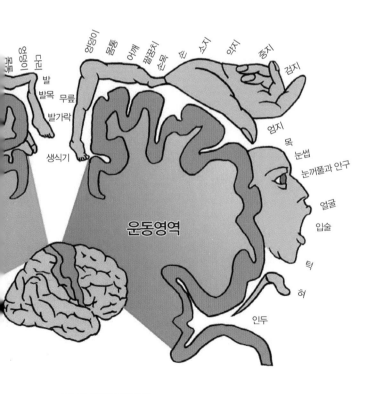

얼굴과 입은 희로애락 등의 미세한 표정을 표현하기 위해, 또한 입은 말을 위해 정교하게 움직이기 위해 신경세포가 많이 필요하다. 손이나 손가락의 경우도 마찬가지로 바느질이나 뜨개질, 먹잇감을 사냥하기 위한 무기 제조 등 손이 세밀한 일을 수행할 수 있도록 이를 제어하는 운동영역의 신경세포 수가 많다.

운동영역에 있는 대부분의 신경세포가 저작과 손가락을 위해 배분되어 있다는 점에 주목하길 바란다. 이는 뭔가를 씹거나 손가락을 움직였을 때, 대뇌겉질의 운동영역에 있는 신경세포가 직접적으로 흥분한다는 것을 의미한다.

예를 들어 피아노를 치면 손가락 5개의 움직임을 제어하는 운동영역을 활성화할 뿐만이 아니라 건반에서 손가락이 받는 자극이 대뇌겉질의 몸감각영역(피부에서 전해지는 감각을 감지하는 부분)을 흥분시킨다.

악기를 연주하면 사용하는 손가락을 제어하는 운동영역의 신경세포, 가지돌기, 시냅스가 증가하기 때문에 운동영역의 범위가 넓어진다. 마찬가지로 손가락에서 오는 자극을 받는 몸감각영역도 발달하며 확대된다. 이처럼 운동에 의해 뇌가 변하는 것이다.

05 몸과 마음 모두 단련한다

지금까지 신체 단련이 뇌 단련과 연관된다는 것을 살펴봤는데, 반대로 뇌 훈련이 육체적 성능을 높인다는 사실도 확인되고 있다.

많은 스포츠에서 채택하고 있는 이미지 트레이닝이 그 대표적인 예다. 이미지 트레이닝이란 어떤 식으로 경기할지를 사전에 머릿속에 선명히 그려 보는 훈련 방법으로, 경기 능력 향상 효과가 높다는 것이 증명되었다.

또한 '절박한 상황에서 보이는 초인적인 능력'은 자기 자신마저 잊을 때

뜻밖에 생기는 엄청난 힘을 의미한다. 사실은 우리가 평소에 의식해서 근육을 사용할 때는 그 근육이 본래 가지고 있는 힘을 100퍼센트 발휘하지는 못한다. 이것을 생리적 한계라고 한다.

만약 늘 능력을 생리적 한계까지 발휘한다면 근육은 쉬이 피로해지고 만다. 그래서 쉽게 말하자면 뇌가 근육에 브레이크를 걸어 근육을 지키고 있다고 볼 수 있다. 이것이 바로 심리적 한계다.

나고야대학교 교수인 야베 교노스케가 성인 남성 10명의 엄지손가락 근력을 측정한 결과, 심리적 한계는 평균 12.2킬로그램이었다. 이에 비해 전기 자극에 의해 발휘된 근력(생리적 한계)은 평균 15.9킬로그램이었다. 즉, 평균적으로 생리적 한계의 약 77퍼센트가 심리적 한계라는 것이다.

또한 전기 자극으로 발휘한 근력에서도 근육 섬유가 파괴되지는 않았으므로 진정한 생리적 한계는 더욱 높을 것으로 추정된다.

이 방법으로 많은 사람들을 조사해 보니 일반적으로 여성은 심리적 한계가 낮았다. '얌전하고 조신하게 살라'라는 식의 교육의 영향으로 추정된다. 한편 남성 중에서도 심리적 한계가 생리적 한계의 50퍼센트에 이르는 사람이 있었다.

그렇지만 평소에 일이나 운동 등으로 근력을 발휘하는 사람 중에서는 90퍼센트대에 이르는 예도 있다.

뇌는 신체를 움직이게 하지만, 반대로 신체 움직임이 뇌에 자극을 주어 뇌를 활성화한다. 뇌와 몸의 움직임은 일방통행이 아니라 쌍방향이다.

즉, 책상 앞에 앉아 공부만 하는 게 뇌 성능을 높이는 방법이 아니라는 뜻이다.

거꾸로 미야모토 무사시와 같은 일류 무예가들이 문무양도(文武兩道)에 힘쓴 것에서도 알 수 있듯, 운동에 있어서 동작 연습만이 대회의 성적을 올리는 지름길이 아니다.

로마의 시인 유베날리스는 심신의 밀접한 관계를 두고 '건전한 정신은 건전한 육체에 깃든다'라고 당부했다. 동서양을 불문하고 심신 단련을 매우 중요시했던 것이다.

제6장

머리를 사용하여
뇌를 단련한다

01 좋아하는 일을 할 때 의욕이 생긴다

뇌를 훈련하는 가장 좋은 방법 중 하나는 일상생활을 하거나 일을 할 때 뇌를 적극적으로 활용하는 것이다.

우선 좋아하는 일이나 관심 가는 것을 찾아야 한다. '좋아하는 일일수록 잘한다'라는 말이 있는데, 인간은 자신이 좋아하는 것에 대해서는 의욕이 생겨서 적극적으로 노력하므로 깜짝 놀랄 정도로 실력이 향상된다는 뜻이다.

누구든 자신이 좋아하는 일이나 관심이 있는 것에는 의욕이 생긴다. 그렇게 되면 대뇌겉질이 활성화하여 기억력과 학습 능력이 한층 더 높아진다. 뇌의 고유한 성질이다.

좋아하고 관심이 가는 일에 몰두하는 사람은 기분이 좋고, 의욕과 집중력으로 가득 차 있다. 눈이 빛나고 기운이 넘친다. 현격히 활성화한 뇌에는 쾌감이 넘쳐흐른다.

왜 좋아하는 일에는 이토록 의욕이 생길까? 그 원리를 뇌과학 측면에서 분석해 보자.

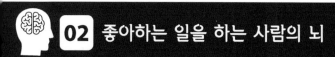

좋아하고 싫어하는 것은 편도체가, 의욕은 기댐핵이 담당하고 있는데 둘 다 둘레계통에 있다. 이들 부위는 보상 회로가 지나가는 길이다. 쾌감은 둘레계통의 보상 회로가 도파민 신경에 의해 흥분됨으로써 발생한다.

보상 회로는 중간뇌에서 시작되어 둘레계통의 편도체와 기댐핵, 그 주변에 있는 바닥핵을 지나서 뇌 상부에 있는 대뇌겉질의 이마엽과 관자엽까지 뻗어 있다(72쪽 자료 참조).

좋아하는 일에 몰두하면 우선 편도체가 흥분을 시작한다. 흥분은 편도체에 그치지 않고 기댐핵과 해마에도 전해진다. 이렇게 보상 회로 전체가 흥분하여 도파민이 대량으로 분비되면 뇌에는 쾌감이 흐르고 즐거운 기분을 느끼게 된다.

그리고 '의욕을 발생시키는 호르몬'인 테스토스테론이 둘레계통의 수용체에 닿아 기댐핵을 흥분시켜서 의욕을 높인다.

기댐핵의 흥분으로 발생한 의욕이 도착하는 곳은 '목표'다. 목표를 가짐으로써 더욱 흥분한 기댐핵에서 나온 '의욕'의 신호가 대뇌겉질 전방에 있는 이마엽으로 전해져서 사고력, 판단력, 상상력, 집중력을 크게 높인다.

한편 이미 흥분한 해마에서는 정보를 기록하고 불러내는 능력이 높아진다. 이렇게 기억과 학습 능력이 좋아진다.

바닥핵이 흥분해서 눈이 빛나고 얼굴에 힘이 들어간다. 의욕이 생기면 뇌 전체가 활성화하여 머리가 좋아진다. 머리가 좋은 사람은 눈빛이 총명하고 표정이 늠름하며 동작도 절도 있어서 겉으로 보기에도 티가 난다.

좋아하는 일을 접하는 것을 계기로 대뇌겉질이 흥분하고 기억과 학습 능력이 높아질 뿐만 아니라 지칠 줄 모르고 몰두할 수 있다. 뇌 성능이 대폭 높아져, 그때까지 '못하던 사람'이 '잘하는 사람'으로 변신하게 되는 것이다.

03 싫어하는 일을 하는 사람의 뇌

그럼 싫어하는 일을 하는 사람의 뇌에서는 어떤 일이 일어나는가?

의무적으로 공부하거나 해야만 하는 일을 억지로 하면 편도체는 흥분하지 않는다. 그러니 둘레계통도 흥분하지 않아서 쾌감도 없고 재미도 없다. 기댐핵이 흥분하지 않으니 의욕이 생길 리 없다.

목표가 없으니 대뇌겉질의 활동은 낮고, 사고력도 상상력도 부족하고, 집중하려 해도 그 대상이 없다. 바닥핵도 흥분하지 않으니 눈은 흐리멍덩하고 얼굴에 패기가 없다. 이것도 싫고 저것도 싫은 '못하는 사람'이 되는 것이다.

못하는 사람과 잘하는 사람의 뇌를 비교해 보자. 뇌 구조는 양쪽 모두 똑같다. 그런데 잘하는 사람의 뇌에서는 둘레계통과 대뇌겉질이 흥분한다. 한편 못하는 사람의 뇌에서는 이런 부위가 거의 흥분하지 않는다. 즉, 잘하는 사람의 뇌는 흥분하고, 못하는 사람의 뇌는 흥분하지 않는다는 뜻이다.

잘하는 사람과 잘하지 못하는 사람의 능력이 천지 차이인 원인을 파헤쳐 보면 결국 뇌를 얼마나 쓰느냐와 관련이 있다. 그리고 뇌를 얼마나 쓰느냐는 하는 일에 얼마나 흥미를 느끼고 목표의식을 가지고 좋아하느냐에 달렸다.

04 이마엽에서 생기는 '의욕'

공복을 느끼면 식사한다. 목이 마르면 수분을 보충한다. 둘 다 모두 시상 하부가 만들어내는 본능에 따라 음식을 먹고 싶다, 물을 마시고 싶다는 욕구가 발생하고, 그걸 충족하기 위해 먹고 마신다는 행위에 '의욕'이 생긴다.

이런 유형의 의욕은 뇌줄기의 시상하부에서 유래하여 뇌 하층에서 중층과 상층으로 향하는 의욕이다.

그렇다면 뇌의 상층에서 중층과 하층으로 향하는 의욕도 있을까? 당연히 있다.

인간은 다른 동물과 달리 거대화한 대뇌겉질을 가지고 있다. 특히 이마엽은 인간의 강한 의지, 창조성, '의욕'을 발생하는 원천이다. 이 이마엽에서 사이뇌와 시상하부로 향하는 의욕이 바로 여기에 해당한다. 의욕은 행동력의 근원이 된다.

미국에 우편물 및 택배 사업을 하는 페덱스라는 회사가 있다. 24시간 근무하며 신속 정확하게 물건을 세계 곳곳으로 배달하는 서비스가 고객의 신뢰를 얻어 급성장한 덕분에 지금은 전용기까지 세계 방방곡곡으로 보낸다.

창립자인 프레드릭 스미스는 예일대학교에 재학 중이던 시절부터 이 아이디어를 가지고 있었다. 그러나 당시 경영학을 강의하던 교수는 스미스가 쓴 사업 계획서에 간신히 낙제만 면하는 최저 수준 성적인 'C'를 줬다. 그러나 스미스는 조금도 굴하지 않고 아이디어를 실현하여 세계적 기업인 페덱스를 설립했다.

스미스는 명백히 이마엽에서 발하는 '의욕'을 원동력으로 새로운 사업에 몰두했던 것이다.

대학의 권위는 스미스의 독창성을 받아들이지 않았다. 그러나 그는 자신의 아이디어가 옳음을 믿고 목표를 세워 강한 의지와 의욕으로 목표를 달성했다.

자료 1　　이마엽에서 발생한 의욕이 사람을 움직이는 과정

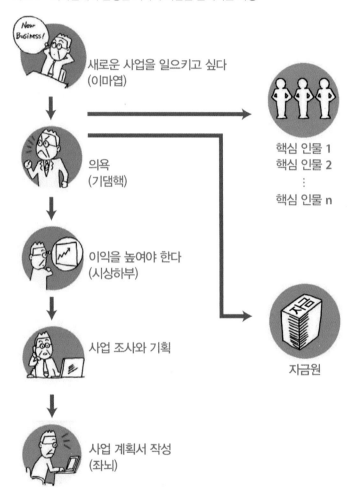

다만 이마엽에서 생긴 '의욕'이 시상하부에서 생긴 '의욕'보다 더 훌륭하
다고 보는 것은 잘못이다. 목표로 나아가는 데 있어 이마엽에서 발생하는
의욕이 필요하지만, 그것만으로는 목표는 달성할 수 없다. 뇌 전체를 완전

자료 2   뇌 전체를 활용하여 목표를 달성한다

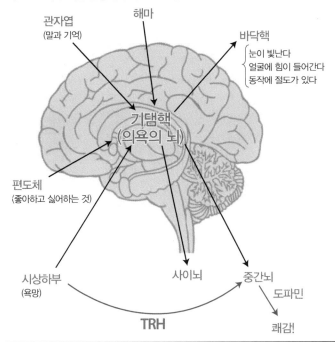

TRH: '갑상샘 자극 호르몬 방출 호르몬'이라는 긴 이름이지만 '의욕의 분자'라고
부른다. 글루타민산－히스티딘－프롤린이라는 3개의 아미노산으로 되어 있다.

히 활용해야 한다.

예를 들어 페덱스를 설립하려 했던 스미스의 뇌 상태를 살펴보자.

우편물과 택배를 24시간 안에 배달하는 서비스를 제공하는 사업을 실현한다는 그의 목표는 명확하다. 이 목표 달성을 결의한 그의 뇌는 기댐핵이 흥분하여 의욕으로 넘친다. 게다가 그는 자신이 하는 사업을 좋아하기에 편도체도 흥분한 상태다.

그러나 좋아하는 마음과 의욕만으로 사업은 성공하지 않는다. 우선 자본을 획득하여 그걸로 회사부터 설립해야 한다. 자금 획득 생각을 떠올린 순간, 그의 욕망의 뇌인 시상하부가 흥분한다.

그다음으로 사업 계획서를 써서 그걸 벤처캐피털(벤처기업에 무담보 주식투자 형태로 투자하는 기업)에 제출하여 투자 요청을 해야 한다. 그러기 위해 제안할 사업의 새로운 점, 시장에서의 강점, 경쟁사 정보를 모아 학습하고 기억한다. 그리고 해마를 활성화하여 이 정보들을 이마엽으로 이동시켜 사고력, 상상력, 판단력을 총동원하여 사업 계획서를 정리한다. 그의 이마엽은 한동안 흥분이 이어진다.

벤처캐피털을 설득하여 자금 조달에 성공하고 회사를 설립하더라도 아직 끝난 게 아니다. 매출을 확보하여 직원들에게 월급을 주는 동시에 기업으로서의 이익도 높여야 한다. 자금 흐름이 건전히 유지하지 않으면 회사는 도산하고 자신도 직원도 일자리를 잃게 된다. 자금 운용을 위해 그의 시상하부가 흥분한다.

06 성공과 쾌감의 사이클

이처럼 목표를 달성하려면 이마엽이나 대뇌겉질만이 아니라 해마, 편도체, 기댐핵, 시상하부 같은 뇌 전체의 완전 활용이 필요하다. 뇌의 모든 분야에서 의욕이 요구되는 것이다.

이 의욕을 낳으려면 성공 및 쾌감의 사이클을 만들어야 한다.

운동이든 학문이든 사업이든, 어떤 것이든 간에 목표를 달성하기 위해서는 힘든 연습, 공부, 경영관리가 필수적이다. 물론 인간이니 그 괴로움에서

도망치고 싶다는 약한 마음이 생길 수도 있다.

목표를 잃지 않고 나약한 마음을 떨치면서 목표를 향해 나아갈 노력을 계속하는 것이야말로 나와의 싸움이다. 이 싸움에서 이기면 경기력, 학력, 경영력이 크게 상승하고 목표도 달성한다. 이것이 경기 성적, 학업 성적, 수입이라는 결과로 드러난다. 혹은 본인에게 있어서는 결과보다는 나와의 싸움에서 이긴 것, 즉 목표 달성 자체가 더 기쁠지도 모른다.

이 성공은 쾌감으로 뇌리에 깊게 새겨진다. 그리고 괴로움을 극복한 과정, 하면 된다는 자신감 등이 뇌에 기억된다. 그러면 다시 성공하고 싶은 강한 바람에서 새로운 '의욕'이 생성되고, 더욱 높은 목표를 설정하여 이를 달성하기 위해 필요한 노력을 한다. 이것이 성공과 쾌감의 사이클이다.

이런 고차원적인 의욕을 생성하려면 이마엽을 단련해야 한다.

학교 성적이 좋다는 건 교과서에 나오는 문제라면 술술 풀 수 있다는 뜻이다. 교과서를 읽고 이해하는 한편 교사의 가르침을 받아 기억, 이해, 인식, 사고 등의 능력을 몸에 익힌다. 따라서 학교의 수재는 마루연합영역과 관자연합영역이 잘 단련된 사람이다.

그러나 학교를 졸업해서 실제 사회에서 직면하는 것들은 정답이 있는지 없는지 알 수도 없는 응용문제뿐이다. 교과서에서 늘 보던 정답이 확실히 정해진 문제 같은 것은 아예 존재하지 않는다. 게다가 이게 평생 계속된다. 즉, 마루연합영역과 관자연합영역만 단련해서는 실제 사회에서 성공하기에 불충분하다.

실제 사회에서는 늘 직면하는 새로운 문제의 본질을 빠르게 찾아내고, 어떻게 해결하면 좋을지 생각하며, 몇 가지 해결책 속에서 최적의 것을 골라야 한다. 이때 필요한 역할을 해내는 것이 이마엽이다.

문제 해결을 위한 문제 설정, 새로운 아이디어, 사명감, 삶의 보람, 희망 등은 모두 이마엽에서 생성되는 고도의 정신적 작용이다.

다시 말해 이마엽을 단련하는 것이 인생 성공의 열쇠라 할 수 있다. 그러나 바쁜 일상을 보내는 현대인은 제대로 된 목표를 설정하고 사물을 깊게 생각하는 습관이 거의 들어 있지 않다. 이래서야 이마엽을 단련시키기는커녕 오히려 약해지게만 할 뿐이다.

그러나 원대한 목표를 세울 필요는 없다. 지금까지 지각하는 일이 많았다면 이번 학기에 지각하지 않고 등교해 보는 것도 훌륭한 목표다. 숙제를 종종 잊었지만 이제는 잊지 않도록 결심하는 것도 목표다. 텔레비전, 게임, 휴대전화로 주고받는 의미 없는 수다, 인터넷 이용에 낭비한 시간을 독서에

투자하겠다는 것도 어엿한 '목표'다.

이런 것들은 모두 작은 목표다. 그러나 목표에 대해 이런저런 생각을 하고, 이를 명확히 설정하는 데는 이마엽이 쓰인다. 지각이 많은 아이는 그 이유를 생각해 보려 할 것이다. 아침에 늦잠을 자서 그런가? 내가 늦게 자서 아침에 늦잠을 자나? 그렇다면 늦게 자는 이유는…. 이런 식으로 원인을 하나씩 좇는 것도 이마엽을 단련하는 과정이다.

다음으로 사고력을 높이는 구체적인 방법을 몇 가지 제안하겠다.

그 방법은 바로 생각하는 습관을 들이기, 사실과 의견을 구분하기, 좋은 책을 많이 읽기, 부분에 얽매이지 말고 전체 상(狀)을 보도록 노력하기다.

우선 생각하는 습관부터 보자. 평소 생활 속에서 생각하는 습관을 들이려면, 자신이 관심 있는 일이나 주변에서 일어난 사건이 어떻게 일어났는지 상상해 보면 된다.

단, 그 대상이 아무거나 다 되는 것은 아니다. 관심 있는 대상이 아니면 생각할 마음이 들지 않을 것이고, 설령 생각할 마음이 들었다고 해도 관심

④ 발급 담당 A 씨가 잊었다.

⑤ 배송 담당 B 씨가 잊었다.

⑥ 배달업자가 분실했다.

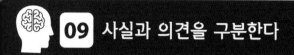

09 사실과 의견을 구분한다

한 사건의 원인을 상상할 때, 그 원인이 사실인지 아니면 의견인지 구분해 보자.

사실이란 증거를 들어 증명할 수 있는 것이다. 그리고 의견이란 한 사람이 내리는 판단이자 주관이다. 한 사람의 의견에 대해 다른 사람은 찬성할지도 모르고, 반대할지도 모르는 것이다.

앞서 한 이야기를 가지고 이를 설명해 보자.

우선 세 가지의 문장 ①, ②, ③이 사실인지 의견인지를 구분해야 한다. 사실은 증명할 수 있는 일이다(실제로 할 수 있는지 없는지와는 별개의 문제다).

①과 ②를 증명하려면 카드회사 담당자 A 씨에게 전화를 걸어서 ○월 ○일에 신용카드를 신청했다는 점, 3~4일 정도 지나면 신용카드가 배송될 거라고 A 씨가 당신에게 답했던 내용을 확인하면 된다.

또한 ③을 증명하려면 자신의 문자메시지함 캡쳐를 제시하여 신용카드 배송 전 배달 안내 문자를 받지 못했다는 사실을 보여 주면 된다. 그래서 세 가지 모두 증거를 들어 근거를 뒷받침할 수 있으므로 '사실'이다.

이에 비해 ④, ⑤, ⑥은 모두 당신이 상상한 것이므로 사실이 아니라 의견이다. 물론 전화를 걸어 A 씨가 발급 절차를 잊었음을 확인할 수 있다면 의견에서 사실로 '승격'되지만, 이 시점에서는 아직 의견에 불과하다.

여기서 ④, ⑤, ⑥을 어떤 식으로 서술했는지 다시 확인하자. 문장 끝에 '~일지도 모른다'라는 문구를 붙임으로써 사실이 아니라 의견임을 명확히 했다. 만약 '~일지도 모른다'가 붙어 있지 않았더라면 이 문장들은 어떻게 읽힐까? 바로 실험해 보자.

④ 담당자 A 씨가 신용카드 발급 수속을 잊었다.

이 경우에 잘못한 사람은 발급 수속을 잊은 A 씨다.

⑤ 담당자 A 씨가 신용카드 발급 수속은 밟았으나, 그 회사 B 씨가 그 후의 절차 진행을 잊었다.

잘못한 건 같은 회사 B 씨다.

이처럼 사실과 의견은 비슷한 것처럼 보여도 전혀 다른 것이다. ④, ⑤, ⑥에 '~일지도 모른다'를 문장 끝에 붙여서 의견임을 명확히 한 이유가 이것이다.

이렇게 자신과 관련된, 혹은 자신이 관심을 가진 사건이 어떤 원인 때문에 발생했는지 상상하면 자연히 생각하는 훈련이 가능해진다. 그리고 이 작업을 일상화하면 생각하는 습관이 몸에 밴다.

좋은 책을 많이 읽어도 뇌를 단련할 수 있다. 당연한 말이라고 생각할지도 모르겠으나 책을 멀리하는 일이 잦아진 오늘날에 특히 이 점을 강조하고 싶다. 생각을 위한 재료를 제공하는 것이 바로 책이다. 뇌에 재료가 들어가지 않으면 아무리 머리가 좋아도 생각할 수가 없으니 아이디어가 생겨날 리가 없다.

오랜 세월에 걸쳐 읽힌 고전이나 역사책에 읽으면 읽을수록 얻을 수 있는 재료가 많다. 이런 책들은 처음에는 이해하기 힘들지만 시간을 두고 읽으면 자기 경험과 인간적인 성장에 맞춰 책을 점점 잘 이해할 수 있게 된다.

옛 사람들의 경험과 감정 그리고 지식을 배우는 것이 독서다. 책을 읽으면 지식을 얻는 것은 물론이요, 우리 뇌의 신경세포를 활성화하여 시냅스 형성을 촉진할 수 있다.

언어를 풍부하게 하려면 마음을 풍부하게 해야 한다. 그리고 좋은 책은 그야말로 언어의 보고다.

인간으로서 가장 중요한 것은 나 말고 다른 사람의 마음을 이해할 줄 아는 자세, 즉 공감하는 마음이다. 미국 전 대통령 오바마는 공감하는 마음을 기르는 데 가장 좋은 수단은 독서라고 늘 말하며 부인과 함께 침대에서 딸들에게 책을 읽어 준다고 했다.

11 독서는 능동적인 행위다

게다가 책을 읽는 것은 능동적인 작업이다. 소파나 의자에 앉거나 침대에 누워서 책을 읽는 행위가 능동적이라고 하면 받아들이기 어려울지도 모르겠다. 하지만 사실이다. 근거를 제시하겠다.

우선 어떤 책을 읽을지 정해야 한다. 인터넷은 편리하지만 직접 책이 어떤지 확인하기란 힘들다. 책을 확인하고 사려면 서점에 몸소 가는 게 최선이다.

책을 사서 페이지를 넘기며 읽기 시작한다. 이때 종이 위에 나열된 문자가 의미하는 내용을 뇌를 '풀가동'하여 이해해야 한다. 다소 난해한 책이라면 한 번 읽기만 해서는 이해할 수 없고, 특히 어려운 대목에서는 잠시 멈춰 의미를 이해하려고 노력하게 된다. 이렇게 한 걸음씩 나아가기에 독서는 능동적인 뇌를 만드는 최고의 훈련이다.

독서를 하다가 지금껏 알지 못했던 것을 갑자기 깨닫게 될 때가 있다. 이 지적인 기쁨은 참으로 훌륭하다. 이 순간에 뇌 안에서는 쾌감 물질인 도파민이 대량으로 분비된다.

독서라는 행위는 뇌의 훈련 재료고, 이를 통해 얻는 정보는 독자가 인생관이나 삶의 방식을 고찰할 때의 재료가 되기도 한다.

12 부분에 사로잡히지 않고 전체를 보는 법

어떤 사람이 시각장애인에게 코끼리가 어떤 모습을 한 동물인지 알려 주려 했다. 자기 손으로 직접 코끼리를 만지는 것이 가장 잘 이해할 수 있는 방법이라는 생각에 그는 시각장애인을 코끼리 우리로 안내했다.

코끼리의 코를 만진 시각장애인은 코끼리가 기다란 호스 같은 동물이라고 생각했다. 다음으로 코끼리의 귀를 만진 그는 코끼리가 얄팍하고 평평한 융단 같은 동물이라고 느꼈다. 그리고 발을 만지자 코끼리가 마치 기둥처럼 단단한 동물이라고 생각했다.

손이 닿은 장소에 따라 시각장애인이 느끼고 표현하는 코끼리의 이미지가 크게 달라지고 있다. 시각장애인이 표현하는 코끼리의 이미지는 부분적으로는 올바를지 몰라도 코끼리의 실체에서는 점점 멀어지고 있다. 즉, 이 시각장애인은 코끼리를 완전히 잘못된 방향으로 상상하고 있다.

이에 관한 흥미로운 이야기를 도요타 자동차의 이사인 사사노우치 마사유키 씨에게 들었다.

아시아의 개발도상국들에서는 공업화가 빠르게 진행되어 주민은 공장 굴뚝에서 나오는 배기가스로 고통받는 중이다. 이 배기가스 공해를 개선하려면 일본의 환경 정화 기술, 특히 자동차 배기가스 정화 기술을 개발도상국에 제공해 공해를 줄이자는 주장이 있다고 한다.

그러나 공해를 줄이는 건 그리 쉽게 실현할 수 있지 않다. 왜냐하면 차량에 쓰이는 가솔린이 깨끗하지 않으면, 정화 장치에 설치한 촉매 능력이 급격히 떨어져 사용할 수 없게 되기 때문이다.

일본 차량에서 뿜어져 나오는 배기가스가 매우 깨끗한 이유는 단순히 가솔린을 연소하는 엔진 기술과 배기가스를 정화하는 촉매 기술이 뛰어난 까닭이 아니다. 애초에 이를 전제로 일본의 석유 제조회사가 깨끗한 연료를 제공하기 때문이다.

개발도상국에는 그러한 연료가 없다. 그러니 일본의 자동차 기술을 이 나라들에 가져간다고 해도 같은 성과를 기대하긴 어렵다.

따라서 공해를 줄이려면 일본의 자동차 기술을 개발도상국에 소개하는 것만으로는 부족하다. 석유 탈황 등의 기술을 함께 도입하게끔 해야 한다. 그러나 그런 고도의 정제 과정을 실행하려면 비용이 커지므로 개발도상국 이 그리 쉽게 채택할 수는 없다.

배기가스 정화 기술에 대한 이러한 주장은 부분적으로 얻은 정보(일본 자동차의 배기가스 정화 기술)로 전체(개발도상국의 공해를 줄이기)를 그 리기 때문에 생겨난 것이다. 눈에 들어온 일부분을 아무리 정확히 이해해도 전체를 파악할 수 있다는 보장은 없다. 부분적으로는 다 올바른데 그걸 모 으니 실제 전체 상과 거리가 먼 일도 비일비재하다.

부분을 보는 것도 필요하지만, 그것만이 아니라 늘 전체를 보도록 심혈 을 기울여야 한다.

13 선악에 대한 판단력을 기른다

뇌를 단련하는 목적은 하늘이 준 재능을 발견하여 이를 갈고닦음으로써 자신과 타인에게 도움이 되는 유익한 인생을 보내기 위함이라고 생각한다. 목표를 설정하고 이를 달성하기 위해 노력한다. 그러려면 자기 재능을 갈고 닦아 빛내야 하는 것이다.

그런데 인간은 자칫하면 유능한 인재가 되려는 목적으로만 뇌를 단련하

게 된다. 이는 아주 위험한 일이다. 유능한 인재는 사회에서 높은 지위와 상당한 권력을 소유하게 된다. 돈도 많이 벌 수 있다. 그의 주변에는 그의 지위와 권력을 이용하여 부정한 이익을 챙기려는 악인이 들끓는다. 그들은 자신의 목적을 위해 달콤한 말로 그에게 악행을 하도록 유도한다.

서민이라면 조금의 청렴함만 있더라도 악행에 손을 대지 않고 세상을 살아갈 수 있지만, 높은 지위의 사람은 상당한 고결함을 갖추지 않으면 악의 유혹에 넘어가기 쉽다. 이런 청렴의 원천은 선악을 구분하는 능력에 있다. 바로 이 능력이 부족하여 유능한 사람이 자멸한 예는 수도 없이 많다.

학창시절에 성실히 공부하고 어려운 시험에 합격해서 높은 지위를 얻었으면서 왜 범죄를 저지르고 사회 부적응자가 될까? 그들은 교과서를 읽어 이해하고 기억하는 시험에서 점수를 따기 위한 공부는 충분히 했다. 이 덕분에 관자연합영역과 마루연합영역은 잘 단련됐다. 응용문제를 풂으로써 이마엽도 단련했을 것이다. 그러나 그들은 선악을 판단하는 훈련은 제대로 하지 못한 채 사회인이 되고 말았다.

인간은 어린 시절에 가정 교육을 통해, 그리고 학교에서의 교우 및 교사와의 관계에서 '도둑질과 거짓말이 나쁜 것이고, 약속은 반드시 지켜야 한다'라는 사실을 배운다. 이를 대뇌겉질에 판례로 축적한다. 그리고 어떤 사태에 직면했을 때 대뇌겉질에 저장된 판례를 바탕으로 이마엽에서 생각하여 판단한다.

제대로 된 판단을 내리기 위해서는 대뇌겉질에 축적된 판례가 올바른 상태여야 하며, 또한 이마엽의 판단력 자체도 올발라야 한다.

14 선악 구분은 어릴 때부터

그럼 언제부터 언제까지 어린이에게 선악에 관한 교육을 해야 할까? 역시 어릴 때부터 해도 되는 일, 하면 안 되는 일을 가르치고 실제 경험을 쌓게 함으로써 많은 판례를 기억하게 하는 것이 좋을 것이다.

뇌의 완성에 꼭 필요한 말이집형성은 뇌의 하부에서 상부를 향해 진행한다. 즉 소뇌나 사이뇌의 말이집형성은 6살 즈음에 완료하지만, 대뇌 표면에 있는 이마엽은 3살부터 말이집형성이 시작되는데 25살까지도 끝나지 않는다.

올바른 판단력을 흐리는 요소에도 주의해야 한다. 그건 바로 자신의 이익을 유도하고 싶은 시상하부에서 오는 욕망이다. 올바른 판단은 이마엽이 시상하부를 제어함으로써 가능하다. 그래서 이성이 욕망을 통제하는 훈련이 반드시 필요하다.

그중 하나가 바로 아이가 원하는 물건을 바로 사 주지 않는 일이다. 이 간단한 방법으로 부모는 아이의 뇌에 참을성과 인내를 새겨 넣을 수 있다.

제7장

뇌를 지킨다

정상 체온은 왜 36.5℃일까

평상시의 체온을 정상 체온이라 부른다. 사람의 정상 체온은 일반적으로 36.5~37℃ 정도로 매우 좁은 범위다. 그 좁은 범위 안에서도 시간에 따라 오르락내리락하는데 낮 11시 즈음에 가장 높고, 새벽 4시에 가장 낮다. 또한 장기마다 다른데 간이 가장 높고, 뇌와 신장이 다음으로 높다.

체온이 이렇게 좁은 범위 안에서 유지되는 이유가 무엇일까?

살아 있는 세포는 한 물질을 다른 물질로 변환하는 화학반응을 수없이 일으킨다. 이를 대사라고 한다. 사람의 대사와 관련된 효소는 37℃ 전후에서 정상적으로 작용하므로 체온은 이 범위에서 유지되어야 한다.

만약 체온이 1℃ 올라가면 많은 화학반응이 약 10퍼센트 빠르게 진전된다. 만약 50℃를 넘으면 단백질의 형태가 변하기 때문에(이것을 변성 혹은 변형이라고 한다) 효소는 본래 기능을 다 하지 못하게 된다.

그렇지만 일반적으로 조직체는 고온에도 버틸 수 있다. 예를 들어 마라톤 중에 심부 체온이 41℃를 넘을 때도 있다. 그러나 뇌는 그럴 수 없다. 뇌는 42℃를 넘으면 기능이 쇠해지며, 45℃를 넘으면 뇌의 신경세포가 손상되어 중대한 장애가 남게 된다.

즉, 체온이 이렇게 엄격히 통제되는 것은 무엇보다도 뇌 온도를 일정 범위로 유지하기 위해서다.

원래 병이 났을 때의 발열은 몸이 질병에 저항하기 위한 중요한 수단이다. 병원균은 고온 환경에 약하기 때문이다. 또한 열을 내서 대사를 촉진하여 면역 세포를 만들고 병원균과 싸운다. 그런 의미에서 사실 해열제는 원래 써야 할 것이 아니다.

다만 앞서 언급한 대로 42℃를 넘는 경우 뇌에 악영향을 줄 수 있으므로 사용하는 편이 좋다.

자료 1　체온의 분포

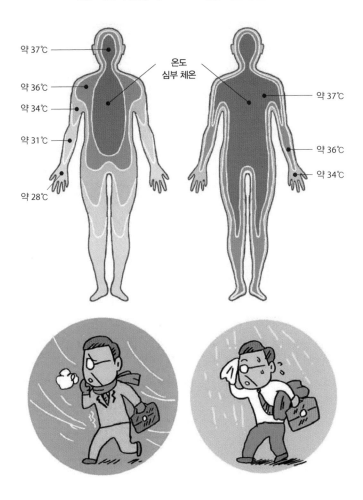

바깥 기온이 낮을 때　　바깥 기온이 높을 때

약 37℃

약 36℃

약 34℃

약 31℃

약 28℃

온도
심부 체온

약 37℃

약 36℃

약 34℃

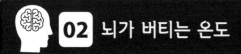

02 뇌가 버티는 온도

뇌가 버틸 수 있는 최고 온도는 한때 40.5℃로 알려져 있었다. 그러나 염소로 뇌 온도를 직접 측정해 보니, 42℃여도 버틸 수 있다는 사실이 밝혀졌다. 또한 뇌가 고열에 얼마나 버티느냐는 단순히 온도만으로 정해지는 것이 아니라 그 온도에 노출되는 시간이 중요하다는 점도 드러났다.

오늘날에는 뇌가 버틸 수 있는 한계가 42~42.5℃에서 60분, 43℃에서 10~20분이라고 알려져 있다.

동물 실험에서는 직장 온도가 40.8℃를 넘으면 신경세포의 대사가 비정상적으로 변하며, 41℃를 넘으면 미토콘드리아(세포의 에너지 제조공장이라고 할 수 있다)에 장애가 생기고 신경전달물질이 분해되었다. 42.5℃에 이르면 뇌에서 나트륨과 칼륨 등의 전해질이 방출되기 시작했다.

뇌에서 가장 고온에 약한 것은 신경세포 그 자체다. 그 다음으로는 말이집, 말이집에 싸여 있는 축삭, 신경세포에 영양을 공급하는 신경아교세포가 약하며, 가장 강한 것이 모세혈관이다.

개를 사용한 실험에서는 42℃ 이상의 고열에 40분 노출되면 신경세포가 손상되거나 지주막하출혈이 발생한다. 그리고 직장 온도가 40℃일 때 뇌의 관문이라고 할 수 있는 혈액뇌관문의 작용이 저하된다.

개의 체온(38.5℃)은 인간의 체온보다 약 2℃ 높기 때문에, 인간은 개보다 더 낮은 온도에서 뇌 장애가 발생할 것으로 추측된다.

인간의 뇌가 열에 약하다는 사실은, 체온이 지나치게 상승했을 때 발생하는 열사병의 주된 증상이 두통이나 현기증 같은 신경 증상이라는 점만 봐도 알 수 있다.

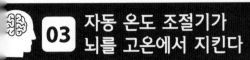

체온을 제어하는 사령탑은 뇌의 시상하부에 있으며 이를 체온 조절 중추라고 부른다. 체온 조절 중추가 자동 온도 조절기로서 기능하여 체온이 일정하게 유지된다.

신체 각 부위에는 온도 센서인 온도 수용체(온도 감지 신경)가 있다. 여기에서 전해지는 체온 정보는 체온 조절 중추에 모이게 된다. 뇌 온도를 일정 범위 안으로 유지하는 것이 궁극적인 목적이므로 체온 조절 중추 자체에도 중요한 온도 수용체가 분포되어 있다.

온도가 올라가는 만큼 흥분하는 온(溫)수용기가 주로 있고, 온도가 내려갈수록 흥분하는 냉(冷)수용기는 별로 많지 않다. 이 점에서도 뇌가 고온을

자료 2 체온 조절 과정

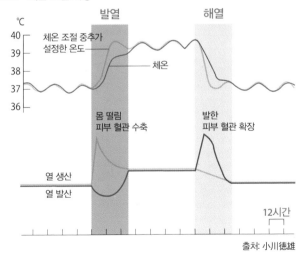

출처: 小川德雄

피하기 위한 장치 위주로 갖춰져 있음을 알 수 있다.

체온 조절 중추는 체온이 내려갈수록 체온을 높이도록 열 생산을 온몸에 지시한다. 대사를 늘리거나, 피부의 털을 바짝 세우거나, 근육을 떨리게 하기도 한다.

반면 체온이 상승하면 땀샘을 자극하여 발한을 재촉한다. 땀이 피부에서 증발할 때 필요한 기화열을 피부에서 빼앗으므로 체온을 낮출 수 있다.

땀이 체온을 얼마나 낮출 수 있을까? 물 100밀리리터가 증발하면 58kcal의 기화열을 빼앗는다. 인체의 비열, 즉 인체 1킬로그램의 온도를 1℃만큼 올리는 데 필요한 열량은 0.83kcal다. 체중 70킬로그램인 인간의 열용량은 0.83×70=58.1(kcal)이다. 계산해 보니 100밀리리터 땀의 기화열과 결괏값이 비슷하다. 즉, 이 사람이 100밀리리터의 땀을 흘리면 체온이 1℃ 상승하는 것을 방지할 수 있다.

또한 피부 혈관을 확장시키면 따뜻한 혈액이 피부 표면으로 이동해 차가운 바깥과 가까워지므로 심부 체온도 내려간다.

04 개와 인간이 뇌를 식히는 방법의 차이

더울 때 인간은 땀을 흘리지만 개는 땀을 흘리지 않는다. 개가 체온을 조절하는 방법은 혀를 내밀어 헥헥거리며 격렬하게 호흡하는 팬팅(panting)이다. 여기에 더해 개에게는 '선택적 뇌 냉각'이라는 특별한 뇌 냉각 장치가 갖추어져 있다.

팬팅으로 비강 내 정맥망의 혈액이 식고, 그 차가운 혈액이 두개골 아래에 있는 정맥의 연못(해면정맥동)에 쌓인다. 뇌로 향하는 동맥은 해면정맥동을 거치는데, 이 부위가 세밀한 그물망(동맥망)의 형태로 펼쳐져 해면정맥동을 만남으로써 뜨거운 동맥혈이 차가운 정맥혈에 의해 식는다. 이 동맥혈이 뇌로 전달되어 뇌 온도 상승을 방지한다.

인간은 이런 특별한 냉각 시스템을 갖추고 있지 않다. 그러나 뇌에 들어

자료 3 개의 뇌를 식히는 선택적 뇌 냉각

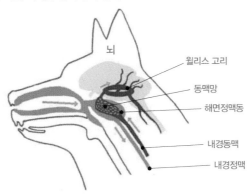

뇌

윌리스 고리

동맥망

해면정맥동

내경동맥

내경정맥

따뜻한 내경동맥혈은 팬팅으로 식은 정맥혈 연못(해면정맥동)을 지나며 온도가 낮아져서 뇌로 흘러간다.

자료 4 인간의 목과 머리에 분포하는 주요 동맥 및 정맥

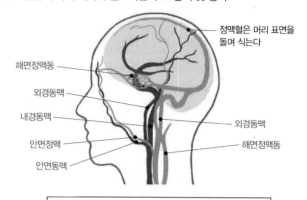

정맥혈은 머리 표면을
돌며 식는다

해면정맥동

외경동맥

내경동맥

안면정맥

안면동맥

외경동맥

해면정맥동

외경동맥은 목과 머리 표면을 도는 사이에, 그리고
내경동맥혈은 해면정맥동에서 차가운 정맥혈에 의해
각각 차가워져서 뇌로 들어간다.

오는 동맥 중 외경동맥은 머리 표면을 지나면서 식고, 뇌 안으로 들어가는 내경동맥도 뇌에 들어가기 전 거치는 해면정맥동에서 일부 식고, 머리 표면 등에서 식은 정맥혈과 열교환을 함으로써 가능한 뇌 온도를 높이지 않게끔 한다.

해가 뜨거운 날에 모자를 쓰는 건, 피부 보호를 위해서만이 아니라 뇌 온도를 올리지 않기 위해서도 필요하다는 것을 알 수 있다. 여름에 펼쳐지는 고교 야구 경기에서 뜨거운 햇살에 노출되는 응원단이나 관중들이 얼음주머니를 머리나 이마에 대는 것은 익숙한 관중석 풍경이지만, 이것 역시 뇌를 식히려고 하는 본능적인 행동이다.

05 무서운 열사병

격렬한 운동을 하면 체온이 40℃까지 상승할 때가 있다. 체온이 더욱 높아지면 뇌에 장애가 생겨 심장계가 기능하지 않게 되고 심하면 죽음에 이를 수도 있다. 그렇게 되지 않도록 특히 한여름의 스포츠나 업무 중에는 더위에 대한 충분한 대비가 필요하다.

2010년 여름, 기상청이 30년에 한 번이라고 말할 정도로 기록적인 폭염이 일본을 강타했다. 극도의 열기 때문에 몸 상태가 나빠져서 열사병으로 쓰러지는 피해자가 속출했다. 열사병으로 병원에 실려 간 환자는 5만 6,184명 이상이었고, 사망자는 적어도 496명에 이르렀다.

열사병은 운동선수들도 피할 수 없다. 2001년 8월 1일, 미국 NFL(미식축구 프로 리그)의 인기 선수이자 미네소타 바이킹 소속의 코리 스트링거(27살)가 연습 중 열사병으로 쓰러져 사망하고 말았다. NFL에서 나온 첫 열사병 희생자다. 건강하기 이를 데 없는 미식축구 선수의 갑작스러운 죽음은 미국 전역에 충격을 주었다.

열사병은 열실신, 열경련, 열피로, 열사병으로 나눌 수 있다.

열실신은 탈수와 말초혈관 확장에 의해 몸 전체에서 혈액량이 감소하여 의식을 잃는 것이다.

열경련은 땀을 많이 흘린 후 염분이나 미네랄이 부족하여 생기는 것으로 근육 경련 증상을 보인다.

열피로는 장기의 말초혈관으로 가는 혈액이 충분하지 못해서 발생한다. 기온이 높은 곳에서 격렬한 운동이나 작업을 하면 체온을 낮추기 위해 피부 표면으로 가는 혈류가 늘어나는 만큼 뇌나 장기 등 중요 장기에 가는 혈류량이 부족해진다. 몸 전체의 권태감, 두통, 현기증이 일어나 곧 허탈감을 느끼고 실신하기도 한다.

열피로를 그대로 방치하면 열의 생산-배출 균형이 무너져 체내에 열이 축적되어 열사병에 이르게 된다. 열사병에 걸리면 피부가 건조되어 붉어지고, 의식을 잃기도 하고, 맥박이 약해지거나 호흡은 빠르고 얕아지고, 혹은 구토도 한다.

열사병은 적절히 치료하지 않으면 의식불명에 빠지거나 죽음에 이를 수도 있기에 빠른 처치가 필요하다. 몸을 차갑기 식히고 물을 마시게 해야 한다.

열경련이나 열피로 환자의 처치 방법은 모두 염분과 수분을 공급하는 것이다. 단, 식염을 직접적으로 섭취하지 말고 소량의 식염을 녹인 물을 마시는 게 좋다.

음주는 체온을 높일 뿐만 아니라 알코올의 이뇨작용 때문에 탈수 증상을 일으키기 쉽다. 여름에 통풍이 잘되지 않는 방에서 술을 마시면 열사병에 걸릴 위험이 높다.

날씨가 더우면 열사병은 야외뿐만이 아니라 실내에서도 발생한다. 뜻밖에도 열사병 환자의 3분의 1은 창고나 방 안과 같은 실내에서 걸린 것이다. 사방이 막힌 창고나 방에서는 온도가 오르기 쉽기 때문이다.

열사병은 기온이 높을수록 발생하기 쉽지만, 습도와도 밀접한 관계가 있

자료 5 열지수는 기온과 습도로 결정된다

				상대 습도(%)				
		30	40	50	60	70	80	90	100
	38	104	110	120	132	144	157	170	—
	35	96	101	107	114	124	136	150	166
온도 (℃)	32	90	93	96	100	106	113	122	133
	29	84	86	88	90	93	97	102	108
	27	78	79	81	82	85	86	88	91
	24	73	74	75	76	77	78	79	80
	21	67	68	69	70	70	71	71	72

열사병이 발생하기 쉽다

열피로나 열사병 가능성이 있다

출처: The USA TODAY Weather Book by Jack Williams

열피로가 발생하기 쉬우며 열사병이 발생할 가능성도 있다

다. 즉, 같은 기온이라면 상대 습도가 높을수록 열사병에 걸리기 쉽다. 습도가 높을수록 땀이 증발하기 어려워 체온을 기화열의 형태로 빼앗기기 힘들기 때문이다.

예를 들어 일본 요코하마에서는 기온이 35℃까지 치솟은 여름날에 외출하면 더워서 땀으로 흠뻑 젖는다. 그런데 기온이 40℃에 가까운 미국 로스앤젤레스에서는 요코하마와 같은 더위를 느끼지 않는다. 습도가 높으면 땀을 흘리는 것만으로는 크게 체온이 내려가지 않는다는 증거다. 반면 습도가 낮으면 땀샘에서 방출된 수분이 증발하고 이때 빼앗기는 기화열이 체온을 크게 낮춘다.

열사병에 얼마나 잘 걸리는지를 드러낸 수치가 열지수인데, 이는 기온과 상대 습도에 따라 변한다. 열지수가 105를 넘으면 열피로가, 132를 넘으면 열사병이 발생하기 쉽다.

열사병 예방책은 통기성이 좋은 운동복이나 모자를 착용하기, 운동 중에 틈틈이 휴식을 취하기, 수분과 염분 섭취하기다.

스트링거 선수의 사망 사고에 대해서 UCLA 의과대학교의 심장전문의인 케빈 섀넌은 '기온이나 습도가 높으면 더 빈번히 휴식을 취하고, 수분 보충을 해 주어야 한다'라고 말한다.

또한 미국 스포츠 의학계는 마라톤 등에서의 열사병 예방을 위해 16킬로미터 이상의 장거리 달리기에서는 경기 시작 10~15분 전에 400~500밀리리터의 음료수를 섭취할 것, 그리고 코스 위에서도 3~4킬로미터마다 수분을 보급하는 보조 스테이션을 반드시 설치할 것을 제안한다.

07 복싱이 뇌를 파괴하는 이유

복싱은 역사가 깊고 인기 있는 격투기로 일본에도 팬이 많다. 그러나 뇌에 가해지는 손상이라는 관점에서 보자면 매우 위험한 스포츠라 할 수 있다.

그리스 로마 시대에 복서는 그 용기와 강력한 힘 때문에 존중받았지만, 대부분의 선수는 금속 압정을 박은 가죽을 손에 두르고 상대방을 가격하여 죽이는 광경을 관객에게 보이며 그들을 기쁘게 했다. 그야말로 잔혹한 오락 거리였다.

18세기 영국에서 복싱 규칙이 확립되어 부드러운 글러브를 착용하는 등 대대적으로 변했지만, 여전히 상대방을 링 위에서 때려 '녹아웃'[18] 시키는 목적만큼은 변함이 없다.

지금까지 시합 때문에 복서가 사망하는 사건이 몇 건이나 보고된 바가 있다. 복싱으로 인한 죽음의 원인은 뇌 장애로, 특히 뇌출혈이 많다.

세계 슈퍼플라이급 챔피언이었던 홍창수는 현역 시절 시합 전에 유서를 적었다가 시합 후에는 그걸 찢었다고 한다. 그만큼 늘 몸의 위험을 느꼈다 는 증거다.

수도 없이 머리에 펀치를 맞으면 뇌과학자가 말하는 '권투선수치매', 이 른바 '펀치드렁크'가 생기게 된다.

펀치드렁크가 생기면 일상생활에서 극단적인 인지 장애를 보인다. 상대 방의 펀치를 교묘한 기술로 피해 다니며 헤비급 세계 챔피언 자리에 올랐 던 무하마드 알리는 펀치가 원인인 것으로 강력하게 의심되는 파킨슨병에 걸려 한두 마디만 간신히 내뱉을 수 있게 되었다.

복싱을 오래 한 사람은 손발이 떨리고 앞으로 몸을 구부린 채 걷는 파킨

---

18 권투에서 선수가 다운되어 10초 안에 경기를 다시 시작하지 못하는 상태.

슨병 환자가 앓는 것 같은 증상을 보이기 쉽다.

따라서 미국의 심리학회를 비롯한 몇몇 전문가 협회는 복싱 경기 안전 대책을 세울 게 아니라 아예 복싱이라는 종목 자체를 폐지해야 한다고 주장하고 있다.

08 복서의 뇌는 어떻게 망가져 있는가

뉴욕 시립병원인 뉴욕시 헬스플러스 시민 병원의 이라 카슨은 실제로 CT 스캔(컴퓨터 단층 촬영)으로 복서의 뇌를 관찰한 결과, 뇌에 상처를 전혀 입지 않은 복서는 매우 극소수에 불과하다고 보고했다.

피험자는 녹아웃당한 경험이 있는 10명의 현역 프로 복서였다. 연령대는 20~30세. 시합 수는 2번에서 52번으로 타이틀을 딸 만한 유명 선수, 중간 정도 수준의 선수, 전적이 별로 없는 선수까지 다양했다.

모두가 녹아웃은 당했어도 10초 이상 의식을 잃은 적은 없었다. 그런데 CT 스캔에서는 10명 중 5명이 대뇌겉질에 위축이 발견되었고, 정상적인 CT 패턴을 보인 것은 겨우 1명뿐이었다.

시합 경험이 많은 선수일수록 위축 정도가 심했다. 10명 중에서 가장 성

공한 복서가 대뇌겉질이 가장 심하게 위축되어 있었다. 복싱을 하면 할수록 뇌가 위축된다는 증거다.

혹시 대뇌겉질의 위축이 복서의 나이와 관련이 있는지 알아보기 위해 조사했지만, 결론적으로 아무런 연관이 없었다.

1992년 뉴욕시 헬스플러스 시민 병원의 베리 조던은 현역 프로 복서 338명의 뇌를 CT 스캔으로 조사한 결과를 보고했다. 그에 따르면, 7퍼센트에 달하는 복서의 뇌에 위축이 보였고, 정상과 위축의 중간 정도 소견을 보인 복서는 약 12퍼센트에 이르렀다.

뇌는 부드러운 두부와 같은 장기이므로 머리에 강한 충격을 주면 손상되리라 쉽게 상상할 수 있다. 녹아웃을 목표로 상대의 머리를 향해 펀치를 날리는 복싱이라는 스포츠가 뇌에 심각한 손상을 준다는 것은 명확하다.

복싱 경기에서 얻어맞는 펀치만이 머리에 큰 충격을 주지는 않는다. 축구공 헤딩, 스키나 스노보드 혹은 자전거 사고로도 머리에 강한 충격을 받으므로 결코 얕볼 수 없다.

예전에 내가 신세를 졌던 UCSD의 화학과 학장 데이비드 칸은 독창성과 훌륭한 인품을 갖춘, 많은 과학자들이 따르는 대과학자다. 그는 스포츠맨으로도 잘 알려져 있었다. 매일 아침 집에서 자전거로 통근했고, 스키나 카누를 타는 실력도 뛰어났다.

어느 날 그는 스키를 타다 사고를 당했다. 넘어지지 않으려고 균형을 잡다가 손에 쥐고 있던 스키 폴대로 머리를 세게 때리고 말았던 것이다. 다행히 머리에는 외상이 없어서 그는 그대로 집으로 돌아갔다.

그런데 다음 주 월요일, 오전에 연구실에서 일하던 중 이변이 발생했다.

그가 이상한 말을 하기 시작한 것을 알아차린 비서 셰리가 곧바로 데이비드의 집과 병원에 연락을 넣었다. 뇌 내부에서 출혈이 발생한 모양이었다.

그는 아내의 도움으로 열심히 재활 훈련을 해서 일상생활이 가능한 수준까지 회복했다. 그러나 한때 명석하고 밝았던 데이비드는 더 이상 없었다. 게다가 언어 기능 장애가 후유증으로 남는 바람에 독창적인 과학자 칸은 학자로서 전성기였던 52세에 갑자기 은퇴할 수밖에 없었다.

10 증가하는 스노보드 사고

스키 못지않게 일본 젊은이들에게 인기가 많은 스포츠가 스노보드다. 스노보드는 두 다리를 하나의 보드에 고정하고 옆으로 타기 때문에 시야가 좁고 균형을 잡기 어려운 데다가 엄청난 속도를 감당하기가 쉽지 않다. 스키보다 훨씬 더 위험한 스포츠다.

초보자가 몇 번이나 넘어지는 일이야 당연하지만, 그 넘어지는 방식이 문제다. 자주 머리를 부딪치곤 하니 말이다.

일본에서 실제로 있었던 예로, 한 남자가 스노보드를 타다가 몇 번이나 넘어져 머리를 수차례 부딪친 후 일어나서 자기 힘으로 수백 미터 앞에 있는 오두막에 도착했으나 그곳에서 의식을 잃고 말았다. 그리고 병원 이송 중에는 손발 경련이 일어났고, 동공은 반쯤 열려 있었다.

응급병원에서 CT 스캔 진단을 하고 보니, 급성경막하혈종임이 밝혀졌다.

급성경막하혈종은 뇌와 두개골 사이에 있는 경막 안쪽에 혈액 덩어리가 생기는 병을 일컫는다. 몇 번이나 머리를 부딪쳐서 뇌와 두개골 사이의 혈관이 터져 출혈이 일어나면 피가 응고하여 덩어리를 이루고 이것이 뇌를

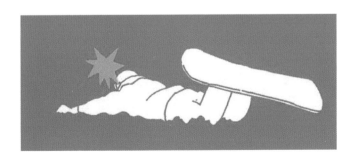

압박하는 것이다.

머리에 외상이 없으니 이상 행동이나 증상이 드러날 때까지 주변 사람은 물론이요, 본인마저도 알아차리지 못한다. 거기다가 뇌 표면에도 손상이 보이지 않으니 CT 스캔으로 보지 않는 한 뇌혈관이 터진 것도 발견할 수 없다.

주변에 스키장이 많은 나가노현 오마치시립 오마치종합병원의 신경외과의 오히나타 치하루에 따르면, 응급으로 이송된 중상 스노보드 환자 20명 중 11명이 이 급성경막하혈종이라고 한다. 6명은 이미 늦은 상태, 수술할 수 있었던 5명도 목숨을 건진 건 겨우 2명에 불과하다고 한다.

11 어설픈 골프는 뇌를 아프게 한다

골프를 잘 치지 못하는 사람의 경우, 연습하면서 클럽을 크게 휘두르는 행위가 뇌에 뜻하지 않는 위험을 가할 수 있다.

국립 센다이병원 부원장인 사쿠라이 요시아키 등의 보고에 따르면, 구급차로 이송된 환자들은 드라이버나 5번 아이언을 휘둘렀을 때 갑자기 뒤통수에 두통을 느꼈다고 한다. 구토를 하거나 손발 마비 때문에 움직이지 못했던 사람도 있었다.

어깨나 목에 힘이 들어간 상태에서 클럽을 크게 휘두를 때 목을 갑자기 비틀면 경동맥이 뒤틀릴 수 있다. 그 순간에 경동맥이 손상되는 것. 혈관 벽이 혹 모양으로 부풀어 올라 뇌의 혈액 순환이 제대로 이루어지지 않아 두통이나 구토, 손발 마비 증상이 나타나는 것으로 보인다.

증상이 오래 가는 사람의 경우 2개월 반이나 입원했다. 완치된 환자도 있었지만, 걷는 데 휘청거림이 남은 환자도 있었다. 좋은 성적을 위해서는 물론이요, 뇌를 지키기 위해서라도 어깨의 힘을 빼고 머리를 고정한 채 골프채를 휘두르는 것이 좋겠다.

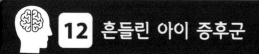
스포츠는 아니지만 아기를 흔드는 것도 뇌에 가해지는 충격으로 작용할 수 있다. 울음을 그치지 않는 아이를 달래려고 난폭하게 이리저리 흔드는 부모가 있다. 그 후에 아기가 경련을 일으키고 갑자기 축 처진다. 부모는 당황하여 병원으로 달려가지만 아기는 이미 의식이 없다. 심각하면 뇌사에 이르는 일도 있다.

왜 이런 일이 생기는 걸까? 아기는 머리가 큰데 그에 반해 목 근육은 아직 고정된 상태가 아니다. 그런 상태에서 흔들면 머리가 크게 움직이면서 뇌 표면과 두개골 이면의 정맥을 잇는 혈관이 끊어져 출혈이 일어나 뇌를 압박하게 된다.

다른 이유도 있다. 두개골 안은 뇌척수액으로 가득 차 있고 뇌는 그 안에서 둥둥 떠 있는데, 아기의 경우 뇌와 두개골 사이에는 아직 척수액이 차지 않은 공간이 남아 있다. 그래서 흔들면 뇌 자체의 흔들림도 크고 두개골과 부딪친 충격으로 손상을 입기 쉽다.

대표적인 증상으로 경련, 호흡 곤란, 구토 등이 있다.

미국 소아과 의사 존 카퍼가 1972년에 '충격적으로 흔들린 영아 증후군(Whiplash Shaken Baby Syndrome)'라는 이름으로 유아를 세게 흔드는 바람에 뇌내출혈을 일으킨 사례를 보고했다. 그 후 1980년대에 '흔들린 아이 증후군(SBS: Shaken Baby Syndrome)'이라는 명칭으로 정착됐다.

오늘날에는 연간 1,000~1,400명이 SBS로 사망하고 있다고 추정하며, 그 대다수가 아동 학대로 의심되고 있다. 일본에서는 아직 별로 알려지지 않아서 보고된 사례는 적지만 최근에 주목을 받기 시작했다.

독쿄의대(獨協醫大) 소아과의 이마다카 죠지 등은 경련과 호흡 장애로 구급차에 이송된 생후 5개월 남아에 대해 보고하고 있다.

그 보고에 의하면, 아버지가 아이를 달래려고 아기를 머리 위 50센티미터까지 던졌다가 받아내는 행위를 수차례 반복하자 경련과 호흡 장애가 발생했다고 한다. 두부 CT로 두개내출혈이 확인됐지만, 조기에 발견하여 진단받은 덕분에 서서히 운동 기능이 회복됐다.

성인의 경우 머리는 체중의 10퍼센트지만, 아기의 머리는 체중의 25퍼센트를 차지한다. 게다가 아기는 아직 목을 제대로 가누지 못해서 충격에 약하다.

아기는 1세가 지날 때까지 강하게 흔드는 식으로 달래면 안 된다. 예전에는 아기가 귀엽다며 '비행기'를 태워 주곤 했지만, 이 역시 격렬하게 흔들면 위험하니 살살 부드럽게 해야 한다.

※위험하므로 흉내 내지 마세요.

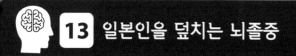

염분과 지방을 지나치게 섭취하면 뇌졸중으로 쓰러지기 쉽다. 뇌졸중에 걸리면 뇌가 손상을 받아 큰일이 생긴다.

뇌졸중이란 뇌혈관에 발생하는 급성 뇌장애로 두개내출혈과 뇌경색으로 나뉜다. 또한 두개내출혈은 뇌출혈과 지주막하출혈로 나뉜다.

뇌출혈은 식염을 지나치게 섭취하는 사람에게 자주 일어난다. 지나친 식염 섭취는 고혈압을 부르는데, 이 고혈압이 오래 이어지면 혈관에 큰 부담이다. 점점 혈관 벽이 두꺼워지고 손상되기 쉬워진다. 만약 혈관 벽에 상처가 생기면 그곳 주변에 혈소판이 모여들어 보수 작업을 벌이지만, 이로 인해 혈관 내부가 더욱 좁아진다. 이렇게 되면 혈액이 잘 흐르지 못한다. 이것이 바로 동맥경화다.

곳곳의 혈관이 좁아지면 심장은 더욱 높은 압력으로 혈액을 밀어내야 한다. 그러면 혈압은 더욱 높아지고, 이에 따라 동맥경화도 더 진행되어 이것이 더욱 심한 고혈압을 일으킨다. 그야말로 악순환이다. 마침내 혈관은 터지고 만다. 이것이 뇌출혈이다.

혈관이 터진 곳으로는 영양분과 산소를 운반하는 혈액이 지나갈 수 없다. 그래서 뇌출혈이 생기면 신경세포가 사멸하고, 인지저하증이나 언어 장애가 발생한다.

한편 뇌경색은 뇌에 생긴 혈전이 혈관을 막는 바람에 막힌 곳 이후에 있는 신경세포가 사멸하는 병이다. 2005년 후생노동성이 실행한 조사에 의하면, 일본의 뇌졸중 환자 127만 명 중 80퍼센트를 차지하는 100만 명이 뇌경색 환자였다. 즉, 일본인의 뇌졸중은 혈관이 터지기보다는 혈관이 막힘으로서 발생하는 것이다.

뇌경색은 육류 위주의 식사를 하는 유럽 및 서양인에게 많이 발생하기에 콜레스테롤이 직접적인 원인이라고 오랫동안 알려졌지만, 그건 잘못되었다.

정확한 기전은 다음과 같다. 혈액 중의 콜레스테롤이 유독 물질에서 유래한 활성 산소에 의해 산화되어 산화 콜레스테롤이 된다. 이 산화 콜레스테롤을 면역 세포인 대식세포가 먹어치운다. 뚱뚱해진 대식세포는 마치 거품처럼 보여서 포말 세포라고도 부른다. 포말 세포가 거대화한 것을 플라그라고 부른다. 이 플라그가 파열되어 혈관 속에 유입된다. 이게 바로 혈관을 막는 원인인 혈전이다.

즉 뇌경색의 주된 원인은 활성 산소이지, 콜레스테롤 자체의 역할은 그리 크지 않다.

그리고 뇌는 두개골 안에서 바깥 순서대로 격막, 지주막, 연막이라는 3중 막으로 싸여 있다. 돌연사의 주된 원인으로 꼽히는 지주막하출혈은 지주막 아래에 있는 뇌 표면의 혈관 벽에 생긴 혹(뇌동맥류)이 터져 출혈하는 것으로 인해 발생한다.

단, 지주막하출혈은 고혈압과는 관련성이 없다고 보고 있다.

그럼 뇌혈관에 손상을 주는 고혈압이나 뇌혈관을 막히게 하는 뇌경색을 예방하기 위한 생활 방식 두 가지를 제시해 보겠다.

14 저염식 식생활이 뇌에 중요한 이유

식생활에서 염분을 줄이는 것에 신경을 쓰면 좋겠다. 한때 일본인은 하루에 15그램이나 되는 염분을 섭취했는데 다소 많은 양이다. 인간이 살아가는 데 필요한 염분은 하루에 2~3그램 정도인데, 이 목표치를 충실히 지킨 음식은 사실 싱겁고 맛도 없다.

염분을 줄이면 싱거워진다. 적은 염분이라도 소금 맛을 즐길 수 있는 방법이 있으니 소개하고자 한다.

우선, 음식을 차갑게 식혀서 먹는 것을 추천한다. 혀는 저온이 되면 짠맛에 대한 감도가 높아져서 아주 소량의 짠맛이라도 민감하게 감지할 수 있다.

다음으로 칼륨을 적극적으로 섭취하자. 칼륨과 나트륨은 원소 주기율표에서 같은 세로줄(1족)에 속해 있어서 화학적인 성질이 비슷하지만 생체에서의 효과는 정반대다. 칼륨은 신장을 자극하여 나트륨, 다시 말해 염분을 소변으로 배출시켜 혈압을 낮추기 때문이다. 칼륨을 많이 함유한 채소나 과일을 적극적으로 먹는 것이 좋다. 고구마와 바나나가 그 대표적인 예다.

15 뇌를 지키려면 비만을 피해야

뇌졸중의 80퍼센트는 혈관이 막히는 뇌경색으로, 이를 일으키는 방아쇠는 활성 산소에 의한 콜레스테롤 산화다. 활성 산소는 다양한 원인으로 발생하는데 그중 우리의 노력으로 그 원인을 차단할 수 있는 것이 있다. 바로 체중 조절과 금연이다.

비만은 지방 세포를 증가시킨다. 이 지방 세포가 인터루킨 6 혹은 C-반응성 단백질을 온몸에 방출하여 면역계로 하여금 병원체와 임전 태세를 갖추도록 한다. 다시 말해, 병원체가 있지도 않은데 있다고 인식하게 함으로써 면역계가 활성 산소라는 강력한 폭탄을 투하하게 된다. 이 활성 산소가 혈액 중에 흐르는 콜레스테롤을 산화시키고, 혈전의 발생에서 뇌경색에 이르는 일련의 과정이 시작된다.

한때 비만은 외모를 망치는 문제쯤으로만 여겼으나 최근 연구를 통해 만병의 근원이라는 사실이 밝혀졌다.

유전적인 비만은 비율적으로 매우 적다. 대부분은 과식으로 인한 칼로리 과잉, 운동 부족으로 인한 에너지 소모 부족이 원인이다. 이처럼 비만의 대부분은 생활 습관에 의해 발생하므로 생활 습관을 개선해야만 한다.

비만인지 아닌지 판정 기분 중 하나로 체질량지수(BMI: Body Mass Index)가 있다. 체중(킬로그램)을 신장(미터)의 제곱으로 나눈 수치다. 건강한 사람의 체중과 신장의 관계를 통계적으로 처리하여 산출한 기준으로 비만 정도를 측정하기 위한 도구다.

이 체격지수가 18.5~23 사이면 표준. 23을 넘으면 통통한 편이고, 25를 넘으면 '비만'으로 판정된다. 또한 18.5 이하는 마른 편이다.[19]

---

19 이 체질량지수는 한국 기준에 맞춰 다시 썼다. 일본에서는 25 미만을 표준으로 친다.

16 과로를 피하는 법

업무, 공부, 놀이 등으로 바쁘게 활동하는 우리는 피로를 느낀다. 한때 "24시간 내내 싸울 수 있습니까?" 같은 위세 좋은 드링크제 선전 문구가 텔레비전에 나오곤 했다. 하지만 지친 몸과 마음을 드링크제로 채찍질해서 계속 일에 전념하게 하다니 목숨 아까운 줄 모르는 일이 아닐 수 없다.

정말로 쉬지도 않고 '계속 싸우면' 그게 과로다. 심해지면 아예 몸에 힘이 들어가지도 않고, 기운도 의욕도 잃어서 소위 말해 '번아웃' 상태가 된다. 혹은 병으로 쓰러지고 만다.

피로→과로→병으로 가는 과정은 서서히 진행되므로 쉽게 알아차리기 힘들지만, 피로가 축적되면 언젠가 한계에 도달해 병이 생긴다. 최악의 경우 돌연사할 수도 있다. 일상적인 장시간 노동이나 스트레스가 방아쇠가 되어 돌연사하는 것을 과로사라 부른다. 일본인의 장시간 노동은 전세계에 너

무나도 잘 알려져서, 해외에서는 과로사를 의미하는 단어가 일본어인 '가로시(Karoushi)'로 통하기까지 한다. 실제로는 과로가 원인이 되어 죽었을지라도 구체적인 병명은 심근경색, 급성심부전 외에 뇌출혈이나 지주막하출혈이 될 때가 많아서 그 실태를 정확히 알기란 어렵다.

피로 축적은 몸의 항상성을 유지하는 신경계나 호르몬 분비를 조절하는 시상하부를 때리는 직격탄이다. 이에 따라 말초혈관이 수축하거나 혈압 상승 호르몬이 과잉 분비되면서 혈압이 상승하는데, 이것이 혈액 순환 장애를 일으키거나 혈관을 약하게 하여 출혈을 유발하기도 한다.

과로사의 실태는 파악하기 어렵지만, 2003년에 시행한 인구 동태 조사에 의하면 심장병에 의한 20~59세의 사망자 합계는 26,899명이며, 이 중 일부는 과로사로 추정된다.

또한, 만약 직장에서 쓰러지거나 과로로 죽지는 않더라도 집중력 저하로 뜻밖의 사고라도 당하면 본인만이 아니라 여러 사람을 희생시킬 수도 있다. 자주 발생하는 고속버스 사고가 이를 말해 주고 있다.

그런데 피로란 무엇일까? 운동이나 일을 함으로써 얼마만큼의 에너지를 소비했는지를 측정할 수 있다. 피로 물질이라 여겨지는 혈액 속의 유산, 크레아틴, 이산화탄소 등의 양도 측정할 수 있다. 그러나 그런 수치들과 우리가 실제로 느끼는 '피로감'은 다르다.

비슷한 체력의 사람이 똑같은 일을 했다고 해서 똑같은 피로를 느끼는 건 아니다. 피로의 정도는 사람마다 다 다르다. 억지로 일을 하거나 결과가 안 좋으면 피로감은 더 심해진다.

한편, 적극적으로 몰두하거나 결과가 좋으면 별로 피로가 느껴지지 않는다. 이처럼 피로감은 주관적으로, 뇌가 느끼는 것이다.

지치면 체력을 되돌리고, 흥분성 신경전달물질을 다시 뇌에 축적하여 대뇌의 기능을 회복해야 한다. 그러려면 수면과 휴식을 제대로 취해야 한다.

17 충분한 휴식으로 죽음을 막는다

살아서 활동한다는 것은 체력을 소비하는 일이고 뇌의 흥분성 신경전달 물질을 소비하는 과정이다. 이 소비의 정도를 전하는 신호가 바로 피로다.

피로는 우선 권태감이나 무력감이라는 전조 증상이 나타나므로 이를 놓쳐서는 안 된다. 그렇게 느끼면 바로 휴식을 취해야 한다. 그렇지 않으면 더는 긴장할 수도 없고, 집중력도 떨어지게 된다. 이 단계에서 피로를 해소하지 않으면 피로는 만성화한다.

만성 피로를 방치한 채 계속 일하면 기억력, 판단력, 사고력, 상상력과 같은 대뇌 기능이 둔해진다. 시력이나 청력도 떨어지고, 모든 움직임이 완만해진다. 이는 사고의 원인이 될 수 있기에 위험하다. 또한 피로를 해소하지 않으면 자율신경이 흐트러져 불면증에 시달린다.

그럼 어떻게 하면 좋을까? 피로를 느낄 때는 수면과 휴식을 취하길 권한다. 피로는 과로를 피할 목적으로 생명에 갖춰진 장치이며, 뇌와 신체가 회복해야 하는 때를 알리는 신호다. 이 신호를 무시해서는 안 된다.

피로하다는 신호에는 의욕 상실, 건망증, 집중력과 주의력 하락, 움직임 둔화, 작업 순서 실수, 업무 효율 저하 등이 있다.

일주일 중 하루는 일을 아예 하지 않고 완전히 쉬는 날로 정하는 것이 좋다. 업무상 접대로 골프나 마작도 하지 않는 게 좋다. 집에서 뒹굴면서 자거나 독서 혹은 산책을 하고, 아이와 놀면서 보내면 된다. 이 간단한 습관을 실천하면 피로를 축적하는 일 없이 사고도 미연에 방지하고 당신도 능력을 충분히 발휘할 수 있게 된다.

18 뇌의 피로와 몸의 피로의 차이

예전의 피로와 현대의 피로는 그 모습이 매우 다르다. 옛날에는 일이라고 하면 뇌와 신체 전체를 사용하는 작업이 기본이었으니, 뇌를 포함해서 온몸이 전반적으로 피로해졌다. 그러나 현대는 별로 육체는 사용하지 않고 뇌만 혹사하고 있어서 몸은 기운이 남아도는데 뇌만 피로에 절게 된다.

이는 비즈니스 현장을 보면 금방 알 수 있다. 얼마 전까지만 해도 직장에서 서류를 주고받으려면 걸어 다녀야 했다. 이렇게 함으로써 의자에서 일어나 다리 운동도 할 수 있고 온몸의 혈액 순환도 촉진됐지만, 지금은 의자에 앉은 채로 대부분의 일을 다 할 수 있다. 예전에는 편지를 보내기 위해 우편함까지 걸어가야 했지만, 지금은 그럴 필요도 거의 없고 그저 내용을 팩스나 이메일로 송신하는 것으로 충분하다.

한 걸음도 걷지 않고 일할 수 있어서 업무 효율은 현격히 높아졌다. 그러나 컴퓨터를 장시간 사용함으로써 발생하는 목 위팔 증후군이나 안정피로[20] 등, 국부적인 피로에서 온몸으로 번지는 새로운 유형의 피로가 증가하게 됐다.

---

20 눈을 계속 쓰는 일을 할 때 눈이 느끼는 증상. 피로, 몽롱, 두통 등의 통증, 압박감, 눈물 등이 대표적인 증상이다.

19 피로를 축적하지 않는 생활 습관

어쨌든 피로가 쌓이면 수면과 휴식을 충분히 취하는 게 좋다.

영양적인 면에서는 지방이 적은 닭고기나 생선, 신선한 과일과 채소, 당분이 적은 요거트, 치즈, 낫토나 두부 등의 음식이 적절하다. 비타민이나 미네랄 섭취도 잊어서는 안 된다.

그리고 정신 관리도 중요하다. 우선 마음을 안정시켜서 스트레스를 가능한 한 줄이자. 또한 지나치게 욕심을 부리지 말아야 한다. 내일 일을 미리 걱정하지 말고, 오늘 일에 전력을 다하는 게 바람직하다.

웃음도 중요하다. 웃으면 암이나 바이러스를 쫓아내는 자연살해세포(NK세포)가 증가하기 때문이다.

건강할 때는 감사하는 마음을 잊기 쉽지만, 사실 감사하는 마음은 스트레스를 감소하게 하는 비법이다. 감사하는 마음을 가지면 웃음을 낳고, 주위와의 불필요한 마찰을 피할 수 있을 뿐만 아니라 자기 마음을 단단히 하여 면역력을 높일 수 있다.

제8장

인지저하증에
걸리지 않는 뇌를 만든다

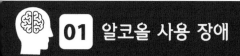

01 알코올 사용 장애

와인이나 맥주를 만드는 기술이 확립된 것은 기원전 3,500년 즈음으로 그 이후 인류는 알코올 음료를 즐기게 되었다. 알코올을 소량만 마시면 식욕이 돋고 개방적인 기분을 맛볼 수 있다.

그래서 파티에 와인과 맥주는 필수품이다.

알코올의 이런 효능은 가바 신경과 알코올의 상호 작용이 만들어 낸 결과다. 가바 신경은 뇌 전체에 퍼져서 신경 신호를 억제하는 브레이크 역할을 한다. 알코올이 가바 신경을 도와 브레이크 효과를 높인다. 그 결과, 뇌가 살짝 흥분함으로써 발생하는 불안이 해소되어 편안해지고 잠이 온다.

또한 알코올은 도파민 신경을 자극하여 둘레계통에 있는 보상 회로를 활성화하고 도파민을 분비시켜서 쾌감과 도취감을 맛보게 한다.

이런 효과 때문에 알코올 애호가가 많다. 그러나 알코올은 알코올 사용 장애를 일으키거나 뇌를 위축시킨다는 중대한 문제가 있다.

알코올 사용 장애는 보상 회로를 활성화하여 얻을 수 있는 도취감이나 쾌감을 얻으려고 매일 대량의 알코올을 섭취하는 상태를 일컫는다.

알코올 사용 장애 환자가 술을 끊으면 이탈 증상(흔히 금단증상이라고 한다)가 나타난다. 이탈 증상으로 대표적인 것이 환각이다. 들릴 리 없는 소리를 듣는 환청, 있지도 않은 것을 보는 환시 등이 그것이다. 그 외에도 손발의 떨림, 불면 등이 있다.

이탈 상태에서 벗어나기 위해 더욱 술을 마시는 악순환에 빠진다. 이것이 건강을 망치는 것은 물론이다. 알코올 사용 장애 환자는 평균 50대라는 젊은 나이에 세상을 떠난다.

02 지나친 음주가 부르는 인지저하증

알코올 사용 장애 환자의 뇌가 위축된다는 사실을 잘 알려져 있다. 그러나 사용 장애까지는 아니더라도 술을 좋아한다면 충분한 주의를 기울여야 한다.

치바대학교 의학부의 구보타 모토오는 MRI를 이용해 30~69세 사이의 건강한 남녀 1,432명을 대상으로 음주량과 뇌 위축의 관계를 조사했다.

그 결과, '술을 마시지 않는 그룹'과 '매일 일본주 1홉(180밀리리터 정도) 마시는 그룹' 모두 24.6퍼센트의 뇌 위축이 보여 둘 사이에 차이는 없었다.

그러나 '매일 일본주 2홉 이상 마시는 그룹'에서는 이 수치가 38퍼센트까지 올라갔다. 하루에 일본주 2홉(맥주로 환산하면 큰 병으로 2병)[21] 이상의 술을 마시면 뇌 위축이 진행된다는 것을 알 수 있다. 그래서 술은 하루에 일본주 1홉까지 마시는 게 적절하다.

또한 뇌는 나이를 먹음으로써 위축되는데 알코올은 여기에 불을 지핀다. 하루에 일본주 2홉 이상의 술을 마시는 30대와, 전혀 마시지 않는 40대의 뇌 위축 비율은 둘 다 14퍼센트. 그리고 하루에 일본주 2홉 이상의 술을 마시는 40대와, 마시지 않는 60대의 뇌 위축 비율 역시 둘 다 55~60퍼센트다. 이 점으로 미루어, 하루에 일본주 2홉 이상의 술을 마시는 사람은 마시지 않는 사람보다 뇌 위축이 약 10년 정도 빠르게 진행된다고 결론지을 수 있다.

알코올이 뇌에 직접적인 손상을 주어 위축을 일으킨다기보다는, 알코올이 대사되어 생기는 아세트알데하이드가 신경세포에 문제가 된다. 아세트

---

21 일본에서는 자신이 먹는 술에 알코올이 얼마나 들었는지 계산하기 쉽도록 '술의 1단위'를 정했다. 이에 따르면 일본주의 1단위는 1홉(180밀리리터), 맥주의 1단위는 500밀리리터이며 두 술에 든 알코올의 양은 20그램으로 같다. 일본주 2홉(360밀리리터)은 일본주 2단위이므로, 맥주의 2단위인 1000밀리리터(생맥주 2잔 정도)와 같다. 다만 이는 일본술의 도수를 15도로, 맥주의 도수를 5도로 두었을 때의 계산법이다.

알데하이드 그 자체도 세포에게 유독하지만 아세트알데하이드가 신경전
달물질과 화학적으로 반응하여 생긴 독이 신경세포에 손상을 가하기 때문
이다.

알코올에 의한 뇌 위축이 가장 심하게 드러나는 부위는 사고와 판단을
담당하는 이마엽, 그리고 기억을 다루는 해마다. 매일 술을 마시는 사람의
머리가 잘 돌아가지 않는 것도 이 때문이다.

그러나 이제까지 과음을 이어 온 사람도 어차피 늦었다고 포기할 필요는 없다. 알코올이 일으킨 뇌 위축은 회복 불가능이라고 여겨져 왔지만, 이 상식이 최근 연구에 의해 완전히 뒤집혔다.

알코올을 만성적으로 섭취해서 뇌 위축이 발생한 쥐가 알코올을 잠시 끊자 신경세포가 다시 회복됐다. 또한 인간에게서도 알코올을 잠시 섭취하지 않음으로써 위축된 이마엽의 체적이 회복됐다는 사실이 보고된 바 있다.

알코올을 끊어서 신경세포와 위축된 이마엽의 체적이 회복되는 기전은 아직 해명되지 않았다. 그러나 술을 끊음으로써 성능이 떨어진 머리를 다시 활성화할 수 있는 길이 열렸다는 것은 참으로 좋은 소식이 아닐 수 없다.

많은 연구 결과를 보건대, 하루에 일본주 1홉 정도만 마시면 건강 증진에도 도움이 되지만, 하루 2홉 이상이 되면 뇌에 악영향을 준다는 결론을 내

릴 수 있다.

　그러나 알코올도 약물이라는 점을 인식해야 한다. 알코올은 쾌감을 가져오고 불안을 해소하는 효과가 있기에 심한 스트레스를 받는 사람은 현실에서 벗어나려고 음주에 빠지기 쉽지만, 이는 아주 위험한 행위다. 매일 술을 잔뜩 마시면 알코올 사용 장애가 생기기 때문이다.

04 담배가 IQ를 낮춘다!

　담배를 한 개비 피우면 머리가 개운해져서 아이디어가 잘 떠오른다고 주장하는 사람이 있다. 그의 말대로 소량의 니코틴은 뇌를 자극하여 쾌감, 각성, 피로회복, 집중력 및 주의력 증대 등 좋은 효과를 불러오긴 한다. 그러나 그 효과는 아주 일시적인 것으로, 장기적으로는 뇌에 악영향을 끼친다.

　텔아비브대학교의 마크 와이저는 2만 명 이상의 18~21살 사이의 군인을 대상으로 흡연과 IQ의 관계를 조사하여, 담배를 하루 한 갑 피우면 IQ가 11점 낮아진다는 결과를 보고했다.

　비흡연자의 IQ는 101이었지만, 흡연자의 IQ는 94였다. 흡연 때문에 IQ가 7점이나 낮아진 것이다. 게다가 하루에 한 갑을 피우는 골초의 IQ는 90으로 비흡연자의 그것보다 11점이나 낮았다. 즉, 담배는 머리에 해롭기만 할 뿐이다.

자료 1　담배가 IQ를 10점이나 낮춘다

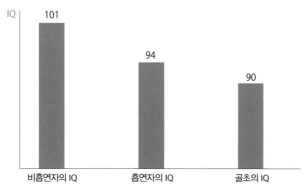

골초: 하루 한 갑 이상 피우는 사람
출처: Mark Weiser

그러나 저하된 IQ는 흡연을 그만두면 회복되므로 하루라도 빨리 금연할 것을 권한다.

담배를 피우는 사람의 IQ가 저하하는 원인은 두 가지로 볼 수 있다.

첫 번째 원인은 담배 연기에 포함된 일산화탄소가 혈액 중의 헤모글로빈과 결합함으로써 뇌가 산소 결핍 상태에 빠지고, 뇌에 일과성 허혈 발작[22]이 발생한다는 것이다. 또 다른 원인은 담배 연기에 들어 있는 아세트알데하이드가 뇌내 물질과 화학반응을 일으켜 생긴 독이 신경세포에 손상을 준다는 점이다. 담배와 술 모두에 아세트알데하이드라는 공통 원인이 있음을 알 수 있다.

---

22 뇌 혈류가 원활하지 않아서 일시적으로 나타나는 신경학적 증상. 일반적으로 1시간 이하로 지속된다.

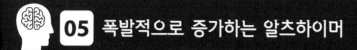

　나이가 들면서 뇌의 신경세포가 죽어가므로 세월이 지나면 누구든 다소 기억력이 떨어진다. 물건을 어디에 뒀는지 잊기도 하고, 얼굴을 봐도 이름이 생각나지 않는 등이 건망증이 50살 이후의 사람들에게 늘어난다.

　그러나 알츠하이머병은 단순한 '건망증'이 아니다. 알츠하이머병에 걸리면 기억력 저하, 방향 감각 저하, 언어 및 의사소통 능력 저하, 논리적 사고력 저하가 심각해진다.

　원인은 바로 기억을 담당하는 해마의 신경세포, 그리고 기억 저장과 사고를 담당하는 대뇌겉질의 신경세포가 죽기 때문이다. 해마의 신경세포가 죽으면 새로운 정보를 기억할 수 없게 된다. 기억과 사고가 불가능해지므로 일상생활에도 지장이 생긴다.

자료 2　미국의 알츠하이머병 환자 수

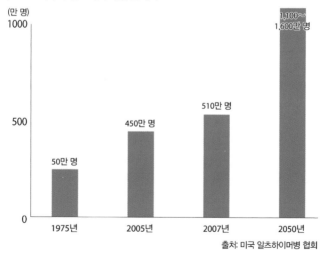

출처: 미국 알츠하이머병 협회

선진국에서는 이 고통스러운 병을 앓는 환자가 매년 급증하고 있다. 전 세계 알츠하이머 환자의 총수는 2006년에 2,700만 명이었지만, 2050년에는 약 1억 1,000만 명에 이를 것으로 추정되고 있다.

통계 데이터를 신뢰할 수 있는 미국의 상황은 과연 어떨까? 미국의 알츠하이머병 협회의 발표에 따르면 미국 국내의 알츠하이머병 환자 수가 1975년에 50만 명, 2005년에 450만 명, 2007년에 510만 명으로 폭발적으로 증가했다는 점을 근거로 2050년에는 1,100~1,600만 명까지 늘어날 것이라고 추측한다.

미국에서 알츠하이머병에 들어가는 연간 비용은 2010년에 이미 1,500억 달러 정도에 달했다. 환자 수도 치료비도 막대하다. 이 상황을 타개하려고 미국 정부는 2010년에 알츠하이머병의 예방과 치료를 위한 연구에 연간 약 4억 4,800만 달러 정도의 자금을 투입했다. 일본에서도 인지저하증 환자의 수가 140만 명에 달하는데 그중 알츠하이머병은 70만 명으로 추산되고 있다. 고령화가 진행됨에 따라 환자 급증은 피할 수 없는 현상이다.

알츠하이머병이라는 질병은 본인은 물론이고 간병인까지 힘들어지기에 이 병을 앓는 환자들이 폭발적으로 증가하도록 방치할 수는 없는 노릇이다.

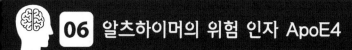
알츠하이머의 발병에는 유전자도 연관이 되어 있다. 독자 4명 중 1명은 60세 이후 알츠하이머에 3~10배 정도 잘 걸리게 하는 특별한 유전자를 가지고 태어난다. 이 유전자를 ApoE4(아포지질단백질E4), 줄여서 ApoE4라고 부르고 있다.

ApoE4는 듀크대학교의 알렌 로지스가 발견했다. 19번 염색체에 있는 유전자가 합성하는 이 단백질은 원래 체내에서 콜레스테롤의 수송, 합성, 분해를 맡는다.

ApoE4는 뇌에서도 만들어지는데 신경세포를 건강히 유지하는 데 도움이 되지만, 이게 뇌 안에 축적되면 알츠하이머의 위험 인자로 변하고 만다.

덧붙여 설명하자면, ApoE4는 ApoE의 한 종류다. ApoE에는 2형, 3형, 4형이 있는데 4형(ApoE4)이 알츠하이머의 가장 큰 위험인자다.

만약 당신이 한쪽 부모로부터 1개의 ApoE4를 물려받았다면, ApoE4를 전혀 보유하지 않은 사람에 비해 알츠하이머에 걸릴 위험이 3배나 된다. 만약 부모님 모두에게서 2개의 ApoE4를 이어받았다면 그 위험은 10배까지 치솟는다.

그러나 유전자 요인을 과대평가하지는 말아야 한다. ApoE4가 알츠하이머를 일으키는 유전적 위험 요소는 맞지만, 설령 ApoE4를 가지고 있다고 해서 반드시 발병하지는 않기 때문이다. 사실 ApoE4를 가진 대부분의 사람들은 알츠하이머를 앓지 않고 평생을 살아간다.

알츠하이머 환자의 뇌는 어떤 특징이 있나

알츠하이머병 환자의 뇌에서 쉽게 찾아볼 수 있는 것은 노인성 반점과 신경섬유다발 변화의 축적이다. 아밀로이드베타(Aβ)라는 소형 단백질 몇 개가 이어진 것을 플라그라고 하는데, 플라그가 축적된 것이 바로 노인성 반점이다.

한편, 신경세포 내부에 있는 타우 단백질[23]에 인산이 잔뜩 붙으면 타우 단백질의 형태가 변해 '엉키고' 만다. 이 엉클어진 상태가 축적된 것을 신경섬유다발 변화라고 한다.

두 현상은 뇌가 아밀로이드베타와 타우 단백질을 너무 많이 만들어 내거나 혹은 뇌에서 원활하게 폐기되지 않기에 발생한다. 이 두 종류의 독은 오랜 시간에 걸쳐 뇌의 신경세포를 죽이고 뇌 회로를 파괴함으로써 뇌를 수축시킨다고 보고 있다.

건강한 뇌에서는 신경전달물질이 뇌 회로를 돌게 하여 기억과 학습을 잘해낼 수 있지만, 회로가 파괴되면 신경전달물질은 시냅스에서 이동할 수가 없다. 이런 식으로 기억이나 학습이 불가능해지는 알츠하이머병이 발병하는 것으로 이해되고 있다.

알츠하이머의 원인이 플라그 축적과 타우 단백질의 엉킴이라는 가설에 기초하여 과학자들이 연구를 진행하고 있다. 따라서 대부분의 연구는 뇌에서 이 두 가지 일이 일어나지 않도록 하는 수단을 찾는 데 목표가 있다.

자료 3　알츠하이머 환자 뇌의 특징

노인성 반점	아밀로이드베타라는 소형 단백질 몇 개가 이어져 '플라그'를 축적
신경섬유 다발 변화	타우 단백질의 변형에 의한 '엉킴'의 축적

---

23 주로 축삭의 안정성을 유지하는 역할을 하는 단백질이다.

08 알츠하이머에 걸리지 않는 생활 습관

한때 알츠하이머는 고령의 뇌에 갑자기 발생하여 엄청난 손상을 주는 것이라고 여겼지만, 지금은 수십 년에 걸쳐 계속되는 뇌의 질병임이 밝혀졌다. 따라서 중년기 및 노년기의 영양, 감염, 교육, 당뇨병, 정신적 혹은 신체적 활동과 같은 요인의 영향을 크게 받는다는 사실 역시 널리 알려져 있다.

워싱턴대 세인트루이스캠퍼스의 존 모리스는 PET을 사용하여 인지 능력이 저하하지 않은 고령자의 뇌를 조사한 결과, 상당한 비율로 알츠하이머의 특징인 아밀로이드베타가 축적되어 있음을 보고했다.

이 연구가 획기적인 건 알츠하이머의 증상이 일상생활에 드러나기 훨씬 이전에 뇌 작용이 정상보다 다소 저하한 경도인지장애(MCI)라고 불리는 상태가 약 10년 정도에 걸쳐 존재함을 증명했기 때문이다. 더 정확히 말하자면 경도인지장애는 초기 알츠하이머이다.

현재 이와 관련된 주요 연구 중 하나는 이 긴 기간에 알츠하이머에 걸리기 쉬운 사람을 특정하여 그 발병을 늦추거나 억제하는 방법을 개발하는 것이다.

역학 연구를 통해 과학적으로 실증된, 알츠하이머에 잘 걸리지 않는 생활 습관은 일반적으로 다음과 같다.

- · 충분한 수면
- · 사교적인 생활
- · 운동
- · 단 것을 줄이고, 채소와 곡물 다량 섭취
- · 푸른 생선 섭취
- · 시나몬, 강황, 장과류(베리류)의 다량 섭취
- · 카레 섭취

등등

세계에서 가장 알츠하이머의 위험이 낮은 국가가 바로 인도다. 인도에 거주하는 고령자는 미국 펜실베이니아주에 거주하는 고령자에 비해 알츠하이머 위험도가 4분의 1밖에 되지 않는다.

여러 조사 결과, 그 이유는 인도인이 늘 먹는 카레에 있는 것으로 추정된다. 카레에는 노란색의 강황이라는 향신료가 들어 있다. 강황의 주성분은 쿠르쿠민으로, 동물에게도 인간에게도 기억력 저하 억제에 도움이 된다는 사실이 확인되었다.

반년에 한 번이라도 카레 요리를 먹으면 기억력이 높아진다고 하니 상당한 효과가 있다고 봐도 되겠다. 동물 실험으로도 알츠하이머를 일으키는 아밀로이드베타의 축적을 방지할 수 있음이 증명되어 있다.

사실은, 소량의 쿠르쿠민을 준 쥐는 일반적인 먹이를 준 쥐에 비해 뇌의

플라그가 40퍼센트나 감소했다.

쿠르쿠민은 아밀로이드베타의 축적을 방지하는 효과뿐만 아니라 뇌에 축적된 아밀로이드베타를 제거하는 능력도 있다. 즉, 쿠르쿠민은 동물의 뇌에 축적한 아밀로이드베타를 제거함으로써 인지 기능 저하를 억제하며 알츠하이머의 발병을 막는다.

UCLA의 그레그 콜은 쿠르쿠민을 비타민 D와 병용하면 뇌에서 아밀로이드베타를 제거하는 효과가 더욱 높아진다고 말한다.

그리고 많은 연구에 의해 쿠르쿠민은 암을 막고 비만을 예방하며 인슐린의 효과를 높인다는 사실이 증명되었다. 쿠르쿠민의 암 예방 효과가 너무나도 유명하여 항(抗)알츠하이머 효과에 대한 연구가 늦어졌을 정도다. 암과 알츠하이머를 막는 카레 요리를 적극적으로 먹도록 하자.

다 자란 성인의 뇌에서 신경세포가 새로 탄생한다

뇌과학 분야에서는 '뇌의 신경세포는 재생하지 않는다'라는 상식이 100년 가까이 지속됐다. 의학 교과서에도 그렇게 씌어 있었다. 그러나 이 상식은 솔크 연구소의 프레드 게이지가 이끄는 미국과 스웨덴 연구팀에 의해 완전히 깨졌다.

1998년 11월, 게이지의 팀은 성인 뇌에서 신경세포가 새로 생긴다는 경이로운 사실을 발표했다.

BrdU(브로모디옥시유리딘)라는 형광 물질은 오래된 세포에는 포함되지 않지만 새롭게 탄생한 세포에는 포함되기에 새로운 세포만 형광으로 물든다. 그렇다면 BrdU를 투여한 후 뇌 조직을 현미경으로 살펴보면 새로 탄생한 신경세포만이 빛나게 될 것이다. 그렇지만 살아 있는 인간의 뇌를 떼어내서 현미경으로 조사할 수는 없다.

스웨덴의 암 연구자가 환자에게 BrdU를 주입하여 목에 생긴 암의 악성정도와 암세포의 증식 상태를 검사했다. 그 환자가 사망했을 때, 암 연구자는 공동 연구팀의 멤버인 피터 에릭슨에게 이를 알렸다.

2년 전인 1994년, 에릭슨은 환자를 만나 실험 내용을 설명하고 사후에 뇌를 조사하겠다는 허락을 환자와 그 가족들에게 받아 둔 상태였다. 그리고 에릭슨은 곧바로 시신에서 해마 제공을 부탁했다. 왜 해마를 선택했을까? 기억을 다루는 해마는 뇌 중에서도 가장 신경 신생(신경세포의 탄생)의 가능성이 높은 곳이기 때문이다.

시신에서 추출된 해마는 스웨덴을 출발해 바다를 건너 샌디에이고에 도착했다. 그리고 에릭슨이 해마를 레이저 현미경으로 관찰해 보니, 빨갛게 빛나는 부위 말고도 노란색으로 빛나는 부위가 다수 발견됐다. 오래된 세포는 붉게 빛났지만, 새로운 세포는 포함한 BrdU 때문에 노란색 빛을 냈던 것이다.

　이렇게 성인의 뇌에서 신경세포가 재생한다는 사실이 증명됐다. 이 소식은 세계 곳곳으로 퍼졌고 '뇌의 신경세포는 재생하지 않는다'라는 인류의 상식이 완전히 깨졌다.

　신경 신생이 불리한 것을 넘어서 거의 불가능다고 여겨지는, 죽음이 임박한 환자의 뇌에서도 활발한 신경 신생이 일어난다는 사실에 주목하길 바란다. 죽음을 앞둔 사람의 뇌가 저러하다면 노년이나 중년은 물론이요, 젊은이라면 더더욱 신경 신생이 활발할 것임은 말할 필요도 없다.

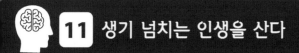
성인의 뇌에서도 신경세포가 탄생한다는 사실이 증명되었지만, 이미 우리 주변에는 나이 들어서도 활발하게 뇌를 쓰는 이들이 존재한다. 실제로 90살을 넘어서도 훌륭한 발명을 이어가는 '대단히 건강한 뇌를 가진 사람'도 있고, 60살을 넘어서도 연구 개발에 힘쓰는 '건강한 뇌를 가진 사람'도 많다.

우리는 뇌로 생각한 것을 말을 통해 구체적으로 표현하고 실행하며 일상생활을 보낸다. '생각하고, 말로 표현하고, 실행하는' 일은 인간이라는 생물을 만물의 영장으로 만든 인간의 세 가지 요소라 할 수 있다.

이 세 가지 요소를 꾸준히 갈고닦은 사람은 목표, 희망, 책임감, 긴장감, 집중력을 가지고 적극적으로 살아갈 것이다.

목표가 있으면 그걸 달성하려는 희망이 솟고 의욕이 생긴다. '의욕'은 우선 기댐핵을, 그리고 다음은 둘레계통을 흥분시킨다. 이렇게 뇌에 쾌감이

지나면 즐거워진다. 그리고 바닥핵이 흥분해 눈이 빛나고 활발히 행동하게 된다. 이것이 바로 '생기 넘치는 인생'이다.

대조적으로 인간의 세 가지 요소를 무시하는 사람은 희망도, 책임도, 긴장감도, 집중력도 없는 소극적인 인생을 보내게 된다. '되는대로 사는 인생'을 살게 되는 것이다.

당신은 '생기 넘치는 인생'을 살 것인가, 아니면 '되는대로 사는 인생'을 살 것인가. 그 선택이야말로 건강한 뇌를 가지기 위한 제일 중요한 열쇠다.

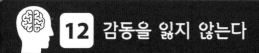

12 감동을 잃지 않는다

그 다음 핵심 열쇠는 음악, 회화, 영화, 연극, 이야기 등을 통해 얻는 감동이다. 감동에 의한 자극은 몸감각영역으로 들어간 후 시상하부와 이마엽으로 전달된다. 시상하부는 자율신경을 관장하는 부위로, 체내 장기의 작용, 동공, 땀샘 등을 제어할 뿐만이 아니라 뇌하수체에 명령하여 부신피질 호르몬을 분비하여 우리를 스트레스로부터 지킨다. 그리고 이마엽에서는 성격, 창조성, 의식, 야심 등 고도의 마음을 만들어 낸다.

감동이라는 좋은 신호가 시상하부나 이마엽을 흥분시킴으로써 건강한 뇌가 더욱 건강해진다.

250

음악, 회화, 영화, 연극, 이야기 등에서 오는 감동은 인생에 꽃을 더하는 중요한 요소이므로 잊지 말아야 한다.

많은 예를 관찰하며 알게 된 한 가지 확실한 사실은, 뇌를 잘 사용하는 사람의 신경세포는 별로 감소하지 않고, 뇌를 잘 활용하지 못하는 사람의 신경세포는 급속히 감소한다는 점이다.

근육은 사용하면 사용할수록 굵고 강해지고, 사용하지 않으면 가늘어지고 약해진다. 뇌도 이와 비슷하게 사용하면 사용할수록 신경세포의 감소를 막을 뿐만 아니라 시냅스는 더욱 강화된다. 나이가 들었는데 더욱 뇌가 활성화하는 일도 꿈은 아니리라.

주요 참고 도서 및 논문

G.K. Mak & S. Weiss, Paternal recognition of adult offspring mediated by newly generated CNS neurons, Nature Neuroscience 13, 753–758. 2010.

C. Howard and E. Meyer, Maternal mentality, Scientific American Mind, 25–30. 2011.

B. Mossop, How dad develop, Scientific American Mind, 31–37. 2011.

L.T. Gettler et al., Longitudinal evidence that fatherhood decreases testosterone in human males, Proc. Natl. Acad. Sci. September 27, vol. 108 no. 39 16194–16199. 2011.

Pilyoung Kim et al., The Plasticity of Human Maternal Brain: Longitudinal Changes in Brain Anatomy During the Early Postpartum Period, Behavioral Neuroscience, Vol. 124, No. 5, 695–700. 2010.

Naya, Y., Yoshida, M. and Miyashita, Y, Backward spreading of memory retrieval signal in the primate temporal cortex, Science 291, 661–664. 2001.

Fong–Ming Chang et al., The world–wide distribution of allele frequencies at the human dopamine D4 receptor locus, Hum Gene, 98 : 91–101. 1996.

K. Bergman P. Sarkar, T. O' connor, N. Modi, V. Glover, Maternal stress during pregnancy predicts cognitive ability and fearfulness in infancy, J. of The American Academy of Child and Adolescent Psychiatry, 46(11):1454–1563. 2007.

A.S. Dekaban and D. Sadowsky, Changes in brain weights during the span of human life: relation of brain weights to body heights and body weights, Ann. Neurology, 4:345–356. 1978.

P.R. Huttenlocher, C. Courten, L.J. Garey, Synaptogenesis in human visual cortex — evidence for synapse elimination during normal development, Neuroscience Letters, 33, 247–252. 1982.

B.D. Jordan et al, CT of 338 active professional boxers, Radiology,185,509–512. 1992.

I.R. Casson et al, Neurological and CT evaluation of knocked– out boxers, J. of Neurology, Neurosurgery, and Psychiatry, 45, 170–174. 1982.

P.S. Erikson, et al., Neurogenesis in the adult human hippocampus, Nature Medicine 4, 1313–1317. 1998.

Human Selective Brain Cooling, Michel Cabanac 著「脳を冷やすヒトの知恵」永坂鉄夫 訳, 金沢熱中症研究会, 1997.

「汗の常識・非常識」小川徳雄 著, 講談社ブルーバックス, 1998.

「甘く見るなスノーボード」山田ゆかり, 「AERA」2000.

今高城治・山内秀雄・萩原ゆりほか「早期診断され良好な経過 をたどったShaken Baby Syndrome (揺さぶられっ子症候群)の1例」「脳と発達」32, 534–537, 2000.

「狼に育てられた子」アーノルド・ゲゼル 著、生月雅子 訳, 家政教育社, 1967.

『心の病は食事で治す』PHP新書

『「うつ」を克服する最善の方法』講談社＋α新書

『脳がめざめる食事』文春文庫

『よくわかる生化学』日本実業出版社

『食べ物を変えれば脳が変わる』PHP新書

『脳は食事でよみがえる』ソフトバンク クリエイティブ，サイエンス・アイ新書

『薬理学のきほん』日本実業出版社

『脳地図を書き換える』東洋経済新報社

『ビタミンCの大量摂取が カゼを防ぎ、がんに効く』講談社 ＋α新書

『よみがえる脳』ソフトバンク クリエイティブ，サイエンス・アイ新書

『病気にならない脳の習慣』PHP新書

『子どもの頭脳を育てる食事』角川oneテーマ21

『ボケずに健康長寿を楽しむコツ60』角川oneテーマ21

『脳と心を支配する物質』ソフトバンク クリエイティブ，サイエンス・アイ新書

『がんとDNAのひみつ』ソフトバンク クリエイティブ，サイエンス・アイ新書

NO NI II KOTO WARUI KOTO

하루 한 권, 뇌과학

초판 인쇄 2023년 11월 30일
초판 발행 2023년 11월 30일

지은이 이쿠타 사토시
옮긴이 김진아
발행인 채종준

출판총괄 박능원
국제업무 채보라
책임편집 김도영 · 박민지
마케팅 조희진
전자책 정담자리

브랜드 드루
주소 경기도 파주시 회동길 230 (문발동)
투고문의 ksibook13@kstudy.com

발행처 한국학술정보(주)
출판신고 2003년 9월 25일 제 406-2003-000012호
인쇄 북토리

ISBN 979-11-6983-806-1 04400
     979-11-6983-178-9 (세트)

드루는 한국학술정보(주)의 지식 · 교양도서 출판 브랜드입니다.
세상의 모든 지식을 두루두루 모아 독자에게 내보인다는 뜻을 담았습니다.
지적인 호기심을 해결하고 생각에 깊이를 더할 수 있도록, 보다 가치 있는 책을 만들고자 합니다.